흙의 레오로지

홍원표의 지반공학 강좌 **토질공학편 4**

흙의 레오로지

레오로지란 변형과 유동에 관한 과학으로, 변형을 대표하는 것은 탄성변형이고 유동을 대표하는 것은
점성유동이다. 레오로지의 주 연구 대상은 변형과 유동의 중간에 속하는 각종 현상의 본질을 밝히는 것
이다. 변형과 유동을 조사하는 방법으로는 탄성론과 유체역학에서 사용되는 응력과 변형률 사이의 관
계 또는 응력과 변형속도 사이의 관계가 그대로 응용된다. 응력과 변형률 사이의 관계는 물질에 따라
다르기 때문에 이를 조사하기 위해서는 실험적 방법이 사용된다. 이를 통해 얻는 응력과 변형률 간의
관계를 그 물질의 레오로지 방정식이라 한다.

홍원표 저

중앙대학교 명예교수
홍원표지반연구소 소장

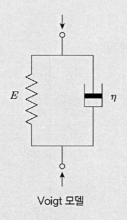

Voigt 모델

점탄성 모델

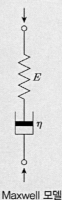

Maxwell 모델

씨아이알

'홍원표의 지반공학 강좌'를
시작하면서

2015년 8월 말 필자는 퇴임강연으로 퇴임식을 대신하면서 34년간의 대학교수직을 마감하였다. 이후 대학교수 시절의 연구업적과 강의노트를 서적으로 남겨놓는 작업을 시작하였다. 퇴임 당시 주변에서 이제부터는 편안히 시간을 보내면서 즐기라는 권유도 많이 받았고 새로운 직장을 권유받기도 하였다. 여러 가지로 부족한 필자의 여생을 편안하게 보내도록 진심어린 마음으로 해준 조언도 분에 넘치게 고마웠고 새로운 직장을 권하는 사람들도 더없이 고마웠다. 그분들의 고마운 권유에도 귀를 기울이지 않고 신림동에 마련한 자그마한 사무실에서 막상 집필 작업에 들어가니 황량한 벌판에 외롭게 홀로 내팽겨진 쓸쓸함과 정작 집필을 수행할 수 있을까 하는 두려운 마음이 들었다.

그때 필자는 자신의 선택과 앞으로의 작업에 대해 많은 생각을 하였다. '과연 나에게 허락된 남은 귀중한 시간을 무엇을 하는 데 써야 행복할까?' 하는 질문을 수없이 되새겨보았다. 이제 드디어 나에게 진정한 자유가 허락된 것인가? 자유란 무엇인가? 자신에게 반문하였다. 여기서 필자는 "진정한 자유란 자기가 좋아하는 것을 하는 것이며 행복이란 지금의 일을 좋아하는 것"이라고 한 어느 글에서 해답을 찾을 수 있었다. 그 결과 퇴임 후 계획하였던 집필작업을 차질 없이 진행해오고 있다. 지금 돌이켜보면 대학교수직을 퇴임한 것은 새로운 출발을 위한 아름다운 마무리에 해당하는 것이라고 스스로에게 말할 수 있게 되었다. 지금도 힘들고 어려우면 초심을 돌아보면서 다짐을 새롭게 하고 마지막에 느낄 기쁨을 생각하면서 혼자 즐거워한다. 지금부터의 세상은 평생직장의 시대가 아니고 평생직업의 시대라고 한다. 필자에게 집필은 평생직업이 된 셈이다.

이러한 평생직업을 가질 수 있는 준비작업은 교수 재직 중 만난 수많은 석·박사 제자들과의 연구에서부터 출발하였다고 생각한다. 그들의 성실하고 꾸준한 노력이 없었다면 오늘 이런 집필작업은 꿈도 꾸지 못하였을 것이다. 그 과정에서 때론 크게 격려하기도 하고 나무라기도 하였던 점이 모두 주마등처럼 지나가고 있다. 그러나 그들과의 동고동락하던 시기가 내 인생 최고의 시기였음을 이 지면에서 자신 있게 분명히 말할 수 있고 늦게나마 스승으로서보다는 연구동반자로 고마움을 표하는 바이다.

신이 허락한다는 전제 조건하에서 100세 시대의 내 인생 생애주기를 세 구간으로 나누면 제1구간은 탄생에서 30년까지로 성장과 활동의 시기였고, 제2구간인 30세에서 60세까지는 노후 집필의 준비시기였으며, 제3구간인 60세 이상에서는 평생직업을 갖는 인생 마무리 주기로 정하고 싶다. 이 제3구간의 시기에 필자는 즐기면서 지나온 기록을 정리하고 있다. 프랑스 작가 시몬드 보부아르는 "노년에는 글쓰기가 가장 행복한 일"이라고 하였다. 이 또한 필자가 매일 느끼는 행복과 일치하는 말이다. 또한 김형석 연세대 명예교수도 "인생에서 60세부터 75세까지가 가장 황금시대"라고 언급하였다. 필자 또한 원고를 정리하다 보면 과거 연구가 잘못된 점도 발견할 수 있어 늦게나마 바로 잡을 수 있어 즐겁고, 연구가 미흡하여 계속 연구를 더 할 필요가 있는 사항을 종종 발견하기도 한다. 지금이라도 가능하다면 더 계속 진행하고 싶으나 사정이 여의치 않아 아쉬운 감이 들 때도 많다. 어찌하였든 지금까지 이렇게 한발 한발 자신의 생각을 정리할 수 있다는 것은 내 인생 생애주기 중 제3구간을 즐겁고 보람되게 누릴 수 있다는 것이 더없는 영광이다.

우리나라에서 지반공학 분야 연구를 수행하면서 참고할 서적이나 사례가 없어 힘든 경우도 있었지만 그럴 때마다 "길이 없으면 만들며 간다"라는 신용호 교보문고 창립자의 말을 생각하면서 묵묵히 연구를 계속하였다. 필자의 집필작업뿐만 아니라 세상의 모든 일을 성공적으로 달성하기 위해서는 불광불급(不狂不及)의 자세가 필요하다고 한다. 미치지(狂) 않으면 미치지(及) 못한다고 하니 필자도 이 집필작업에 여한이 없도록 미쳐보고 싶다. 비록 필자가 이 작업에 미쳐 완성한 서적이 독자들 눈에 차지 못할지라도 그것은 필자에게는 더없이 소중한 성과일 것이다.

지반공학 분야의 서적을 기획집필하기에 앞서 이 서적의 성격을 우선 정하고자 한다. 우리 현실에서 이론 중심의 책보다는 강의 중심의 책이 기술자에게 필요할 것 같아 이름을 '지반공학 강좌'로 정하였고 일본에서 발간된 여러 시리즈 서적물과 구분하기 위해 필자의 이름을 넣어 '홍원표의 지반공학 강좌'로 정하였다. 강의의 목적은 단순한 정보전달이어서는 안 된다고 생각한다. 강의는 생각을 고취하고 자극해야 한다. 많은 지반공학도들이 본 강좌서적을 활용하여 새로운 아이디어, 연구테마 및 설계·시공안을 마련하기 바란다. 앞으로 이 강좌에서는 「말뚝공학편」, 「기초공학편」, 「토질역학편」, 「건설사례편」 등 여러 분야의 강좌가 계속될 것이다. 주로 필자의 강의노트, 연구논문, 연구프로젝트보고서, 현장자문기록, 필자가 지도한 석·박사 학위논문 등을 정리하여 서적으로 구성하였고 지반공학도 및 설계·시공기술자에게 도움이 될 수 있는 상태로 구상하였다. 처음 시도하는 작업이다 보니 조심스러운 마음이 많다. 옛 선현의 말에 "눈길을 걸어갈 때 어지러이 걷지 마라. 오늘 남긴 내 발자국이 뒷사람의 길이 된다"라고 하였기에 조심 조심의 마음으로 눈 내린 벌판에 발자국을 남기는 자세로 진행할 예정이다. 부디 필자가 남긴 발자국이 많은 후학들의 길 찾기에 초석이 되길 바란다.

2015년 9월 '홍원표지반연구소'에서

저자 **홍원표**

「토질공학편」 강좌
서 문

　'홍원표의 지반공학 강좌'의 첫 번째 강좌인 「말뚝공학편」 강좌에 이어 두 번째 강좌인 「기초공학편」 강좌를 작년 말에 마칠 수 있었다. 『수평하중말뚝』, 『산사태억지말뚝』, 『흙막이말뚝』, 『성토지지말뚝』, 『연직하중말뚝』의 다섯 권으로 구성된 첫 번째 강좌인 「말뚝공학편」 강좌에 이어 두 번째 강좌인 「기초공학편」 강좌에서는 『얕은기초』, 『사면안정』, 『흙막이굴착』, 『지반보강』, 『깊은기초』의 내용을 취급하여 기초공학 분야의 많은 부분을 취급할 수 있었다.

　이어서 세 번째 강좌인 「토질공학편」 강좌를 시작하였다. 「토질공학편」 강좌에서는 『토질역학특론』, 『흙의 전단강도론』, 『지반아칭』, 『흙의 레오로지』, 『지반의 지역적 특성』을 취급하게 될 것이다. 「토질공학편」 강좌에서는 토질역학 분야의 양대 산맥인 '압밀특성'과 '전단특성'을 위주로 이들 이론과 실제에 대해 상세히 설명할 예정이다. 「토질공학편」 강좌에는 대학 재직 중 대학원생들에게 강의하면서 집중적으로 강조하였던 부분을 많이 포함시켰다.

　「토질공학편」 강좌의 첫 번째 주제인 『토질역학특론』에서는 흙의 물리적 특성과 역학적 특성에 대해 설명하였다. 특히 여기서는 두 가지 특이 사항을 새로이 취급하여 체계적으로 설명하였다. 하나는 '흙의 구성모델'이고 다른 하나는 '최신 토질시험기'이다. 먼저 구성모델로는 Cam Clay 모델, 등방단일경화구성모델 및 이동경화구성모델을 설명하여 흙의 거동을 예측하는 모델을 설명하였다.

　다음으로 최신 토질시험기로는 중간주응력의 영향을 관찰할 수 있는 입방체형 삼축시험과 주응력회전효과를 고려할 수 있는 비틀림전단시험을 설명하였다. 다음으로 두 번째 주제인 『흙의 전단강도론』에서는 지반전단강도의 기본 개념과 파괴 규준, 전단강도측정법, 사질토와 점성토의 전단강도 특성을 설명하였다. 그런 후 입방체형 삼축시험과 비틀림전단시험의 시험 결과를 설명하였다. 이 두 시험에 대해서는『토질역학특론』에서 이미 설명한 부분과 중복되는 부분이 있다. 끝으로 기반암과 토사층 사이 경계면에서의 전단강도에 대해 설명하여 사면안정 등 암반층과 토사층이 교호하는 풍화대 지층에서의 전단강도 적용 방법을 설명하였다. 세 번째 주제인『지반아칭』에서는 입상체 흙 입자로 조성된 지반에서 발달하는 지반아칭 현상에 대한 제반 사항을 설명하고 '지반아칭'현상 해석을 실시한 몇몇 사례를 설명하였다. 네 번째 주제인『흙의 레오로지』에서는 '점탄성 지반'에 적용할 수 있는 레오로지 이론의 설명과 몇몇 적용 사례를 설명하였다. 끝으로 다섯 번째 주제인『지반의 지역적 특성』에 대해 필자가 경험한 국내외 사례 현장을 중심으로 지반의 지역적 특성(lacality)에 대해 설명하였다. 토질별로는 삼면이 바다인 우리나라 해안에 조성된 해성점토와 모래지반의 특성, 내륙지반의 동결심도, 쓰레기매립지의 특성을 설명하고 몇몇 지역의 지역적 지반특성에 대해 설명하였다.

원래 지반공학 분야에서는 토질역학과 기초공학이 주축이다. 굳이 구분한다면 토질역학은 기초학문이고 기초공학은 응용 분야의 학문이라 할 수 있다. 만약 이런 구분이 가능하다면 토질역학 강좌를 먼저하고 기초공학 강좌를 나중에 실시하는 것이 순서이나 필자가 관심을 갖고 평생 연구한 분야가 기초공학 분야가 많다 보니 순서가 다소 바뀐 느낌이 든다.

그러나 중요한 것은 필자가 독자들에게 무엇을 먼저 빨리 전달하고 싶은가가 더 중요하다는 느낌이 들어「말뚝공학편」강좌와「기초공학편」강좌를 먼저 실시하고「토질공학편」강좌를 세 번째 강좌로 선택하게 되었다. 특히 첫 번째 강좌인「말뚝공학편」의 주제인『수평하중말뚝』,『산사태억지말뚝』,『흙막이말뚝』,『성토지지말뚝』,『연직하중말뚝』의 다섯 권의 내용은 필자가 연구한 내용이 주로 포함되어 있다.

두 번째 강좌까지 마치고 나니 피로감이 와서 올해 전반기에는 집필을 멈추고 동해안 양양의 처가댁 근처에서 휴식을 취하면서 에너지를 재충전하였다. 마침 전 세계적으로 '코로나19' 방역으로 우울한 시기를 지내고 있는 관계로 필자도 더불어 휴식을 취할 수 있었다. 사실 은퇴 후 집필에만 전념하다 보니 번아웃(burn out) 증상이 나타나기 시작하여 휴식이 절실히 필요한 시기임을 직감하였다. 이제 새롭게 에너지를 충전하여 힘차게 집필을 다시 시작하게 되니 기쁜 마음을 금할 수가 없다.

인생은 끝이 있는 유한한 존재이지만 그 사이 무엇을 선택할지는 우리가 정할 수 있다 하였다. 이 목적을 달성하기 위해 역시 휴식은 절대적으로 필요하다. 휴식은 분명 다음 일보 전진을 위한 필수불가결의 요소인 듯하다. 그래서 문 없는 벽은 무너진다 하였던 모양이다.

집필이란 모름지기 남에게 인정받기 위해 하는 게 아니다. 필자의 경우 지식과 경험의 활자화를 완성하여 후학들에게 전달하기 위해 스스로 정한 목적을 달성하도록 자신과의 투쟁으로 수행하는 고난의 작업이다.

셰익스피어는 "산은 올라가는 사람에게만 정복된다"라고 하였다. 나의 집필의욕이 사라지지 않는 한 기필코 산을 정복하겠다는 집념으로 정진하기를 다시 한번 스스로 다짐하는 바이다.

지금의 이 집필작업은 분명 후일 내가 알지 못하는 독자들에게 도움이 될 것이란 기대로 열심히 과거의 기억을 되살려 집필하고 있다. 지금도 집필 중에 후일 알지 못하는 어느 독자가 내가 지금까지 의도하거나 느낀 사항을 공감할 것이라 생각하고 그 장면을 연상해보면서 슬며시 기뻐하는 마음으로 혼자서 빙그레 웃고는 한다. 이 보람된 일에 동참해준 제자, 출판사 여러분들에게 감사의 뜻을 전하는 바이다.

2021년 8월 '홍원표 지반연구소'에서

저자 **홍원표**

『흙의 레오로지』
머리말

　필자는 작년 말 대한토목학회로부터 필자가 집필하고 있는 서책('홍원표 지반공학 강좌', 「기초공학편」)에 대하여 저술상 수상자로 지정되어 아주 영광스러운 토목학회저술상을 수상하였다.

　은퇴 후 집필을 시작할 때 마음은 내가 평생 연구하고 교육하고 자문한 모든 내용을 활자로 된 서책을 남겨놓고 싶은 마음에서 시작한 작업이었기에 남의 이목이나 관심은 애초부터 그다지 크게 기대하지 않았다. 다만 나의 책이 후일 후학들이나 기술자들이 교육과 업무에 도움이 된다면 그것으로 충분히 축복받을 수 있을 것이라 생각하였다. 그러나 집필 작업이 끝나기도 전에 학계에서 주목을 받고 있다고 생각하니 너무도 고무적인 일이라 내심 내가 결정하고 추진하는 일에 대한 기쁨이 너무 크게 느껴졌다.

　거기다가 최근 한 용역회사 대표이사의 방문을 받은 적도 있었다. 그 사장님과 함께 점심식사를 한 후 커피를 마시는 자리에서 필자는 또 다른 기쁨을 느꼈다. 그는 업무를 하는 도중에 내가 집필한 서적을 많이 참조하고 있어 그 사장님으로부터 뜻밖에 고맙다는 감사인사를 받았다. 대한토목학회 저술상과 용역회사 사장의 감사인사는 내가 구상한 내용이 계속 세간의 주목을 받고 있음을 의미하는 것이다. 앞에서도 이야기한 바와 같이 처음 '홍원표 지반공학 강좌'를 기획하고 집필에 착수하였을 때의 나의 생각이 틀리지 않았음을 증명해주는 중대사건이 올해 두 건이나 발생한 셈이다.

　그동안 집필 작업이 너무 힘들어 포기할까도 생각하였으나 초심을 잊지 말자는 마음으로 지금까지 버텨왔음이 오히려 자랑스럽다. 심지어 작년 한해는 처음 목표의 절반을 달성하였으므로 집필 작업을 잠시 멈추고 지금까지의 길을 뒤돌아보는 시간도 가졌는데, 이렇게 영광스러운 상을 학회로부터 받게 되었고 전혀 생각지도 않았던 감사인사까지 받게 되어 집필 작업에 계속 정진할 수 있게 되었음을 무엇보다 기쁘게 생각하는 바이다.

계속 정진하여 처음 목표로 정한 '홍원표 지반공학 강좌'의 네 개의 강좌(「말뚝공학편」, 「기초공학편」, 「토질공학편」, 「건설사례편」)를 완성하는 그날까지 계속 집필할 수 있기를 기원하는 바이다.

본 서적은 전체가 11장으로 구성되어 있다. 제1장과 제2장에서는 각각 레오로지와 점탄성 해석의 기본 개념을 설명하였고 제3장에서는 고체적 점탄성과 액체적 점탄성을 Maxwell 모델과 Voigt 모델을 사용하여 설명하였다. 특히 제3장에서는 이들 모델이 토질역학에서 시간함수를 고려해야 하는 점탄성해석에서 특별하게 취급할 수 있는 응력완화현상과 크리프 현상 해석에 꼭 필요한 모델임을 밝혔다. 제4장에서는 점탄성의 역학적 모델에서 2요소 모델과 4요소 모델(혹은 3요소 모델)을 설명하여 지연시간과 완화시간의 연속분포를 설명하였다. 그리고 제5장에서는 현재 토질역학 점탄성해석 분야에서 도입 사용되고 있는 레오로지의 수많은 연구 동향을 정리·설명하였다.

제6장에서 제10장까지는 레오로지 이론을 기초공학 분야에 도입하여 해석한 사례를 예시 설명하였다. 먼저 Komamura & Huang이 그들의 제안 모델에 근거하여 산사태 해석을 실시한 사례를 설명하였다. 계속하여 제7장에서는 연약한 지반의 터널굴착에 도입하는 블라인드실드의 추진력과 주변지반의 거동연구를 실시한 Ito & Matsui의 적용 사례 연구를 설명하였다. 특히 제8장에서는 국내에서 점토의 크리프 거동해석에 레오로지 모델을 적용한 이종규, 정인준 교수님의 연구를 소개하였다. 이 연구에서는 초기탄성 거동에 주목한 점이 Komamura & Huang 모델과 차별화됨을 강조하였다.

제9장과 제10장에서는 레오로지 모델을 적용할 수 있는 두 가지 사례를 열거하고 이론해석을 실시하였다. 제9장에서의 점토지반 굴착에서 발생하는 굴착바닥의 히빙현상과 제10장에서는 산사태와 같은 측방유동지반 속에 설치된 억지말뚝의 거동해석 사례를 거론 소개하였다. 이는 억지말뚝을 산사태지역에 설치하였을 경우 매년 말뚝의 수평변위가 증가하는 시간개념의 해석에 레오로지 모델을 적용한 사례이다. 이들 두 장에서의 연구는 금후 현장의 자료를 비교 적용하면 훌륭한 레오로지 모델의 토질역학 분야 적용 사례 연구가 될 수 있음을 밝혀두고 싶다.

제1장에서 제5장까지의 내용은 필자가 퇴임 전 대학원생들을 대상으로 강의한 내용과 대

한토목학회지에 레오로지 이론을 국내에 처음 소개하기 위해 투고한 내용을 위주로 집필하였다.

끝으로 제11장에서는 연암의 역학적 거동을 해석하는 데 적용한 레오로지 연구를 정리하였다. 연암의 역학적 특성 중 특히 시간의존성 역학적 특성에 주목하였다. 제11장에서는 櫻井·足立의 연구를 주로 인용하였다.

제6장에서 제11장까지는 레오로지 이론은 시간 함수를 고려해야 하는 점토 및 연암지반의 해석에 꼭 필요한 이론으로 금후에도 토질역학 및 기초공학 분야에 종종 도입 적용될 수 있는 기본이론임을 확신하는 바이다. 따라서 이 분야에 관심을 갖는 후학이 계속 나와주기를 바라는 마음 간절하다.

끝으로 본 서적이 세상의 빛을 볼 수 있게 된 데는 도서출판 씨아이알의 김성배 사장의 도움이 가장 컸다. 김 사장님의 철학과 신념을 존경하고, 이에 고마운 마음을 여기에 표하는 바이다. 그 밖에도 도서출판 씨아이알의 박영지 편집장의 친절하고 성실한 도움은 무엇보다 큰 힘이 되었기에 깊이 감사드린다.

특히 코로나-19 팬데믹 사태 속에서 수없이 많은 변화가 우리 주변에서 발생되는 상황에서도 변함없이 전보다 더욱 세심하게 도와주시는 편집장님께 거듭 감사의 말씀을 드립니다.

2022년 12월 '홍원표 지반연구소'에서

저자 **홍원표**

목 차

레오로지의 역사

레오로지의 역사

물체에 힘이 작용할 때 작용하는 힘의 종류에 따라 어떤 형태의 변형(deformation)을 하는가 혹은 유동(flow)을 하는가의 문제는 옛날부터 꾸준히 연구되었다. 이들 연구의 근원은 그리스시대까지 거슬러 올라간다.[1,2]

1.1 레오로지 연구의 근원

우선 고체의 변형에 관한 과학적 기초는 Hooke(1635-1703)에 의해 1660년(공식적으로는 1678년)에 마련되었다. 이 법칙이 스프링(탄성고체)의 힘(응력)과 변형량(변형률) 사이에 선형관계를 나타내는 Hooke의 탄성법칙이다.[1,2]

한편 유체의 유동에 관한 기초적 법칙은 1687년에 르네상스 이래 역학적 자연관을 체계화한 Newton(1642-1727)이 그의 저서 "Principia Mathematica Philosophiae Neturalia"에서 처음으로 기술하였다. 이 법칙이 바로 점성유체에서의 전단응력과 변형속도 사이의 선형관계를 나타내는 Newton의 점성법칙이다.[1,2]

또한 1821년 Navier(1785-1836)는 Hooke의 법칙을 3차원으로 확장시켜 탄성역학의 기초방정식을 유도하였다. 반면에 Newton의 점성법칙을 운동방정식에 도입하려는 시도는 1827년 Navier에 의해 시작되었고 1845년 Stokes(1819-1903)에 의해 완성되었다. 이것이 Navier-Stokes의 방정식이라 부르는 유체역학의 기초운동방정식이다.

그 후 여러 사람의 노력으로 탄성역학과 유체역학이 완성되었다. 그러나 Hooke 탄성체 및 Newton 유체의 역학기초인 수학적 체계화는 19세기 중엽에 이르러 종료되었다. 이것이 르네

상스 이래 과학자의 눈부신 역학적 자연관이 완성된 한 형태로 여겨진다.

이 시기에 단순화된 물체에 대하여 수학적 체계화를 최종목표로 하는 역학적 자연관에 포함되지 않은 일군의 과학자가 존재하였다. 이들 일군의 과학자는 산업혁명기에 새롭게 발생한 화학공업과 함께 탄생한 근대화학, 즉 새로운 물질학에 눈길을 주는 사람들이다. 이들은 Hooke의 탄성법칙이나 Newton의 점성법칙만으로는 역학적 거동을 완벽하게 표현하기 어려운 물체가 존재함을 알았다.

이미 1935년 Weber는 탄성여효현상(余效現象), 즉 관측시간을 충분히 길게 하면 고체도 흐른다는 현상을 보았다. 이것은 탄성체의 평형을 논하는 탄성역학에서는 성립될 수 없는 현상이다.

1868년 Maxwell(1831-1879)은 기체분자운동론의 연구 과정에서 응력의 완화현상을 처음으로 취급하였다. 그는 점성 외에 탄성적 거동을 나타내는 유체인 점탄성 유체의 존재를 지적하여 해당 물체의 역학적 거동은 완화시간에 의해 그 특징을 파악할 수 있게 응력의 완화현상을 명확히 하였다. 이 Maxwell의 점탄성이론은 점탄성 유체를 취급하는 데 가장 기본적이므로 요즘에도 이 개념은 Maxwell 물체, Maxwell 모델 등으로 종종 사용된다. Mawell 후에는 1875년 Kelvin(1824-1907)이 점성적 유체를 동반한 탄성고체의 존재를 지적하여 점도가 높은 기름을 품은 스펀지 모델로 이와 같은 물체의 역학적 거동을 설명하였다. 이와 같은 점탄성 고체에서는 탄성변형에 시간적 지연은 발생되나 응력은 감소하지 않는다. 또한 Maxwell의 점탄성유체와 같은 변형이 계속하여 유동하는 것이 아니다. Kelvin의 점탄성 고체와 동일한 생각은 1890년 Voigt(1850-1919)에 의해서도 독립적으로 제안되었다.

Kelvin-Voigt의 점탄성 고체에 관한 고려방식은 탄성의 지연현상 혹은 탄성의 여효(余效)를 잘 설명할 수 있으므로 지금도 Kelvin 물체, Voigt 모델 등으로 점탄성고체의 기초적 개념으로 사용되고 있다.

점탄성 고체에 대한 Kelvin-Voigt의 고려방식은 탄성고체에 대한 Hooke 법칙과 점탄성 유체에 대한 Maxwell의 취급이 점성유체에 대한 Newton 법칙의 확장으로도 불린다.

1986년에 Boltzmann(1844-1906)은 여효함수(기억함수)를 사용하여 과거에 받았던 물체의 변형이 현시점에서의 역학적 거동에 미치는 영향에 관한 일반적 기초이론을 수립하였다. 그 후 Wiechert는 1893년에 이를 더욱 발전시켰다. 이들 기초이론은 전술한 Maxwell의 응력완화이론, Kelvin-Voigt의 탄성여효이론 등을 모두 포함한 특별한 경우로 가장 일반적 이론이 된다.

금속재료는 꽤 큰 외력에 대해서도 탄성적 거동을 보이므로 공업재료 분야에서 왕좌를 점하고 있다. 그러나 이 재료는 충분히 큰 힘을 받으면 소성유동 거동을 보인다.

1864년 Tresca는 최대주응력과 최소주응력의 차이는 일정한 조건에서 소성유동을 일으킴을 명확히 밝혔다. 소성에 관한 이론적 취급의 기초는 1870년 Saint Venant(1797-1886)가 이상소성이라 불리는 가장 단순하지만, 본질적인 소성 개념을 발표하였을 때 알려졌다. 그러나 고체가 어떤 경우에 항복하여 소성유동을 일으키는가를 정하는 소위 항복조건은 1913년 von Mises가, 계속하여 1924년 Heneky가 동일한 결과를 제출하였다. 1927년에 Nadal의 저서 "Der Bildsame Zustand der Werkstoffe" 및 1931년에는 영어판 "Plasticity, A Mechsnics of Plastic State of Matter"에 그때까지의 연구를 집약했다.

소성유동과정을 규명하는 것은 고체의 탄성변형에서 유동으로의 이동기구를 해명하는 것으로 말할 수 있다. 따라서 이 분야에서는 전술한 Maxwell 및 Kelvin-Voigt의 점탄성이론과 함께 그때까지 관계없다고(단지 수학적 형식상의 문제가 아니고, 역학적 현상이다) 생각할 수 있었던 탄성역학과 유체역학의 밀접한 관련을 필요로 한다고 인식되었다.

금세기에 들어 화학공업의 급속한 발전에 관하여 각종 콜로이드 물질이나 고무, 수지, 섬유, 플라스틱 등의 제조가 대공업의 지위를 획득하였다. 이들 다채로운 물질재료의 수요와 공급은 광대하고 넓은 산업계에 침투함과 동시에 역학적 거동의 해명이 필요하게 되었다.

1919년 미국 이스턴에 있는 라피엣대학의 Eugene Cook Bingham(1978-1945)은 콜로이드분산계의 유동성 문제에 흥미를 갖고 각종 부유물 특히 점토페이스트, 페인트, 인쇄잉크 등의 유동특성 연구를 수행하였다. 이때 이들 연소성체(軟塑性體)의 변형과 유동 형식은 금속의 소성유동과 상이함에 주목하여 Saint Venant의 소성 개념을 적용하여 소위 Bingham의 소성 개념을 새롭게 도입하여 이들 물체의 역학적 거동을 해명하였다. 또한 1906년에 학위논문으로 발표된 Einstein(1879-1955)의 점도식은 부유물의 유동특성 연구의 기초가 되었다. 더욱이 1923년의 Freundlich(1880-1941)에 의한 식소트로피(thixotropy) 연구, 1925년 Oswald(1853-1932)에 의한 구조점성의 개념 등 Newton 유체의 유동으로 볼 수 있는 이상유동(異常流動)에 관한 연구가 나타났다.

1.2 레오로지의 탄생

이들 배경을 따라 E.C. Bingham은 새로운 과학 분야 수립의 필요성을 통감하여 1928년 미국의 이스턴에서 개최된 소성학 심포지엄에서 새로운 분야 레오로지(rheology)를 제안하였다.[1,2] 드디어 1928년에 각국학자의 협찬으로 새로운 학회 'The Society of Rheology'를 설립하였다. Reiner는 레오로지를 "물질의 변형과 유동에 관한 과학(Rheology is the science of flow and deformation of matter)"으로 정의하였다.

레오로지는 흐른다는 'rheo'와 과학을 의미하는 'logos'를 합성하여 고대 그리스의 철학자 Heraclitus(B.C. 535-475)의 유명한 말인 "만물은 유전(流轉)한다(pänta rhei)"에서 유래하였다. 이 정의라면 탄성변형에서 점성유동에 이르는 일체의 변형과 유동을 취급하는 것이 현재의 레오로지의 대상으로 주로 Hooke의 탄성과 Newton의 점성으로는 설명할 수 없는 각종 이상한 역학적 거동을 해명함에 있다. 종래 탄성역학이나 유체역학에서는 각각 물질의 상이함을 떠나 수학적으로 통합체계화를 수행했다는 점에서 큰 특징과 그 성공이 보이나 레오로지는 물질의 존재를 잊어버려 너무 수학적으로만 이루어진 탄성역학이나 유체역학에 대응이라 할 수 있다. 물론 이와 같은 대응의 진짜 원인은 근대화학공업이 가져온 다수의 신물질 탄생과 그들의 역학적 거동을 나타낼 필요성이란 공업상의 요청임은 말할 필요도 없다. 따라서 레오로지는 역학과 물질학의 보다 밀접한 통합이라 말할 수 있다.

1929년 레오로지 신학문이 성립된 이래 여러 분야에 걸쳐 조직적인 연구가 개시되었다. 즉, 레오로지는 경계영역에 속하는 분야이므로 그 연구내용은 여러 분야에 걸쳐 복잡하다. 현재 레오로지에 관한 연구 내용은 다음과 같은 다섯 개의 중요한 분야로 대별할 수 있다.

① 연속체 혹은 거시적 스케일 관점에서 물체의 역학적 거동에 관한 기초적 연구
② 분자론적 혹은 미시적 스케일 관점에서 물체의 역학적 거동에 관한 기초적 연구
③ 연속체역학이론
④ 공학적 기초연구와 공업상의 응용적 연구
⑤ 의학, 생물학, 심리학 분야의 연구

토질공학 분야에서도 레오로지에 관한 다양한 연구가 수행되었다.[3] 특히 토질 분야에서는

앞에서 구분·설명한 다섯 개의 연구 분야 중 첫 번째 ①분야와 두 번째 ②분야에 대하여 주로 연구가 수행되었다. 이에 대한 자세한 검토 결과는 제5장에 설명되어 있다.

1.3 레오로지로 다룰 수 있는 특성

関口秀雄(1978)는 거시적 레오로지 특성을 정리한 바 있다. 이 논문에서 그는 최근 점차 발전하고 있는 흙의 응력−변형률−시간 모델에 대하여 소개한 바 있다.[4] 여기서는 그의 논문을 인용하여 레오로지 이론으로 다룰 수 있는 몇몇 사항, 즉 비배수전단강도의 시간의존성, 크리프 및 응력완화 특성에 관하여 개략적으로 설명하고자 한다.

1.3.1 비배수전단강도의 시간의존성 특성

지반상에 성토를 실시하거나 지반을 굴착하는 경우 문제가 되는 것은 지반의 안정을 확보하는 것이다. 이 지반의 안전성을 검토하기 위해 흙의 전단강도를 결정해야 하는데, 이때부터 흙의 응력−변형률 거동의 시간의존성이 발생하기 시작하였다. Terzaghi 강의[5]에 의하면 그는 1931년에 이미 "The static rigidity of plstic clays"라는 논문에서 통상의 실내시험에서 전단강도보다 꽤 낮은 응력 수준에서도 소성변형이 발생함을 지적하였고 그 현상을 기초의 설계에 도입할 것을 제안하였고, 기초설계에 도입할 필요성을 설명하였다. 또한 점성토 전단강도의 시간의존성을 실험적으로 처음으로 밝힌 것은 Hvorslev[6]였다. 더욱 구체적인 형태로 흙의 전단강도의 시간의존성 연구를 거론한 연구는 그 후 수십 년 후인 1950년대에 들어선다.

1951년에 Csagrande·Wilson[7]은 교란되지 않은 점토와 점판암에 실시한 일련의 비배수 크리프시험 결과를 발표하여 통상의 실내시험에서 구해진 전단강도보다 낮은 전단응력하에서 시료가 파괴에 이르는 현상(크리프 파괴현상)의 존재를 밝혔다.

더욱이 이러한 현상은 1959년 ASTM에서 주체한 "Symposium on Time Rates of Loading in Soil Testing"에 8편의 논문이 기고되어 있었다. 이 중에서도 Hossel[8]은 1843년에서 1958년 사이에 실시된 "Dynamic and Static Resistance of Cohesive Soil"에 관한 연구를 발표하였다.

흙의 비배수전단강도 c_u 의 변형률속도의존성을 정량적인 형태로 나타낸 것이 그림 1.1이다. 이 그림은 Taylor와 Casagrnde & Shannom에 의해 얻은 점토와 모래에 대한 실험 결과를

Skempton·Bishop이 정리한 것이다.[9] 일축압축시험이나 압밀비배수시험(CU)에서 표준전단속도는 축변형률로 매분 1%이다. 이 속도에서의 전단속도를 기준으로 하여 종축에 전단강도비 (stranth ratio)를 취하였다. 앞에서 논한 바와 같은 시간효과에 의한 전단강도의 저감에 관한 토론은 그림 1.1에서와 같이 축변형률속도가 1%/min보다 작은 영역에서 축변형률속도가 10^{-3}%/min까지 감소한 경우의 전단강도는 표준전단시험에서 구한 강도의 약 80%까지 감소하였다. 더욱이 모래의 비배수전단강도의 변형률속도의존성은 점토에 비해 현저함도 그림 1.1에서 볼 수 있다.

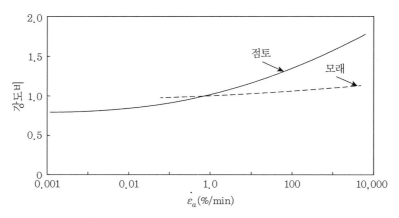

그림 1.1 파괴까지의 시간과 비배수전단강도의 관계[10]

柴田[10]는 점토의 비배수전단강도비 c_u/p에 미치는 시간효과 영향을 평가하기 위해 변형률제어형 전단시험과 크리프 파괴시험 결과[11-16]를 이용하여 그림 1.2와 같이 정리하였다.

그림 1.2에 의하면 점토의 강도는 수일간에 걸쳐 파괴되는 경우 기준강도의 70~80% 정도까지 저감하였다. 여기서 기준전단강도는 6분간에 파괴되는 값으로 하였다.

앞에서 논한 바와 같이 특히 점성토의 비배수전단강도에 미치는 시간효과의 중요성은 예로부터 인정돼왔기 때문에 시간요소를 토괴의 안정해석에 실제 사용한 것은 Bjerrum[17,18]이 최초이다. 즉, Bjerrum은 연약점토지반상에 축조된 성토의 단기파괴 예를 재검토한 결과에 근거하여 안정해석($\Phi=0$ 법)에 이용될 비배수전단강도$(c_u)_{field}$를 다음 식으로 구할 것을 제안하였다.

$$(c_u)_{field} = (c_u)_{vane} \cdot \mu = (c_u)_{vane} \cdot \mu_R \cdot \mu_A \tag{1.1}$$

여기서, $(c_u)_{vane}$는 원위치 베인시험으로 구한 비배수전단강도, μ는 보정계수다. μ_R은 시간효과에 의한 보정계수, μ_A는 이방성을 나타내는 보정계수로 소성지수 PI의 함수로 규정하였다.

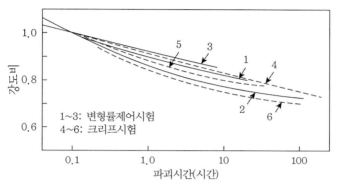

그림 1.2 시간과 비배수전단강도 사이의 관계[10]

여기까지 소개해온 것은 전응력 입장의 접근이고 보다 보편적인 강도의 시간의존성을 조사하기 위해서는 유효응력 입장의 접근이 필요하다.

Richardson · Whitman[19]은 재성형한 포화점토에 대하여 두 종류의 축변형률속도(1%/min과 0.002%/min)하에서 변형률제어 비배수시험을 실시하였다. 그 결과 정규압밀점토에 대해서는 전단속도가 큰 경우의 유효응력경로는 전단속도가 작은 경우의 유효응력경로보다 원점에서 멀어지는 경향을 알아냈다. 더욱이 파괴 시의 유효내부마찰각 ϕ'은 실질적으로 변형률속도에는 의존하지 않는다고 지적하였다.

1.3.2 비배수 크리프 특성

흙의 크리프 거동을 특징짓는 중요한 변수 중 하나는 상한항복치[20]다. 크리프시험에서 부하되는 전단응력을 표시하면 상한항복치 τ_{uy}는 다음과 같이 정의된다.

- $\tau > \tau_{uy}$이면 재하 시부터 유한의 시간 내에 크리프 파괴가 발생한다.

- $\tau = \tau_{uy}$의 경우에는 재하시간 $\rightarrow \infty$에서 크리프 파괴에 도달한다.

- $\tau < \tau_{uy}$의 경우에는 크리프 파괴가 발생하지 않으며 크리프 변형률은 유한치에 도달한다.

그런데 표준변형률속도에서 구한 전단강도를 $\tau_{reference}$로 표시하면, 크리프 파괴시험에서 전단응력비 $\tau/(\tau)_{reference}$와 파괴 시까지의 시간 t_f 사이에는 그림 1.3에 표시한 바와 같은 관계가 있음이 실험적으로 명백해졌다. 그리고 상한항복치의 정의에 의하면 $t_f \rightarrow \infty$인 경우 그림 1.3 속의 각 곡선은 각각 대응하는 $\tau_{uy}/(\tau)_{reference}$값에 포함된다고 추정한다.

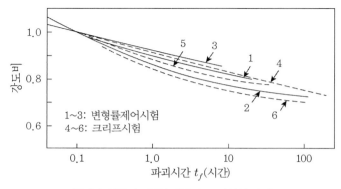

그림 1.3 시간과 비배수전단강도 사이의 관계[10]

다음으로 그림 1.4를 참조하면서 크리프 변형률의 경시변화에 대하여 생각해보자. 우선 $\tau < \tau_{uy}$ 응력상태에서 변형률 ϵ_1과 경과시간 t 사이의 관계는 그림 속 곡선 Ⓐ와 같이 된다. 한편 $\tau > \tau_{uy}$인 응력상태에서는 크리프 곡선 Ⓑ와 같아짐을 알 수 있다. 즉, 곡선 Ⓑ상의 S점으로 표현된 상태에 도달하기까지는 곡선에 표시된 바와 동일하게 시간과 함께 감소하지만 S점을 지나서는 선과 함께 증가하여 파괴상태에 도달한다.

이 설명에서 알 수 있는 바와 같이 변형률속도 $\dot{\epsilon}_1$는 S점에서 최소변형률속도 $(\dot{\epsilon}_1)_{min}$이 된다. 그러나 이 최소변형률속도 또는 흙의 크리프 파괴를 특징짓는 중요한 변수를 정리하여 다음 관계가 흙의 종류에 관계없이 성립함을 알 수 있다.

$$\log t_f = 2.33 - 0.916\log(\dot{\epsilon_1})_{\min} \pm 0.59 \tag{1.2}$$

여기서 t_f의 단위는 분이고 $(\dot{\epsilon_1})_{\min}$의 단위는 10^{-4}/min이다. 그 후 齋藤[21-23]은 식 (1.2)에 근거하여 사면붕괴시기예지법을 제안함과 동시에 그 타당성을 실제 사면붕괴사례 해석 결과로부터 확인하였다.

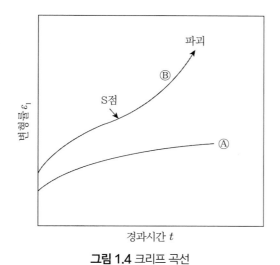

그림 1.4 크리프 곡선

Singh · Mitchell(1968)은 다수의 크리프시험 결과를 정리하여 축변형률속도 $\dot{\epsilon_1}$, 주응력차 σ_D 및 경과시간 t 사이의 다음 식을 제안하였다.[24]

$$\dot{\epsilon_1} = A\exp(\alpha, \sigma_D)(t_1/t) \tag{1.3}$$

여기서 A는 $t = t_1$ 및 $\sigma_D = 0$일 때 축변형률속도, t_1은 단위시간, α와 m은 물질정수이다.

더욱이 식 (1.3)의 이론적 배경을 이루는 것은 흙의 변형기구에 대하여 rate process 이론의 적용을 도모한 Mitchell의 연구[25]이다. Singh · Mitchell[24]에 의하면 식 (1.3)은 교란되지 않은 포화정규압밀점토로부터 재성형포화점토, 건조모래, 과압밀점토에 이르기까지 비배수 및 배수 조건하의 크리프 거동을 잘 설명하고 있다. 단, 식 (1.3)을 적용할 수 있는 전단응력의 범위는 보통시험에서 구할 수 있는 전단강도의 25~30%에서 80~90%까지의 범위이다. 그러나 그림 1.4의 Ⓑ곡선과 같은 크리프 파괴를 나타내는 경우의 크리프 곡선을 수학적으로 간결한 형태로 표현하는 것은 실로 어렵다(식 (1.3)으로는 잘 되지 않는다). 그림 1.4에 도시한 크리프 과정(곡선 Ⓐ, Ⓑ로 표현되는)을 통일적으로 기술하기 위하여 흙의 변형기구에 대한 미시적 접근법을 실시하기 위한 최근 연구로는 Ter-Stepanian의 연구[26]와 Vyalov 등의 연구[27]가 있다.

다음으로 비배수 크리프에 의한 유효응력경로에 대하여 소개한다. 그림 1.4는 비배수삼축 압축 크리프 중에 유효응력경로와 평균응력경로를 모식적으로 도시한 그림이다. 크리프 과정 중 주응력차 $\sigma_D(=\sigma_1{}' - \sigma_3{}')$는 일정하게 유지하므로 유효응력경로는 p축(여기서는 $p = (\sigma_1{}' + 2\sigma_3{}')/3$)에 대해 평행이 된다. 그리고 정규압밀점토는 부의 다이러턴시를 나타내므로 비배수조건을 만족하기 위해서는 유효응력경로는 왼쪽방향으로 움직이지 않으면 안 된다(柴田·輕部,[28] Walker[29]).

그런데 흙의 파괴 시의 주응력차 σ_D와 평균유효주응력 p 사이에는 그림 1.5의 원점을 지나는 직선과 같은 관계가 있다. 지금 이 직선의 기울기를 M으로 표시한다. 이때 흥미 있는 것은 파괴 시의 유효내부마찰각 중에 대응하는 변수 M이 파괴까지 시간에 의존하는가이다. 이 점에 관해서는 지금까지는 유효응력의 입장에서 행해진 실험 결과[12-15,28-33]를 살펴보면 변수 M은 파괴까지의 시간에 의존하지 않는다. 따라서 앞에서 거론한 Richardson et al.[19]에 의한 변형률 제어식 전단시험 결과와 적합성이 인정된다.

다음으로 크리프 파괴에 도달하지 못한 주응력차 $\sigma_D(< 2\tau_{uy})$ 하에서 유효응력 경로가 어느 정도까지 좌측으로 이동하는가를 생각해본다. 후의 논의의 편이상 여기서 Roscoe et al.[34]이 제안한 비배수조건하의 상태곡면식을 표시한다.

$$\sigma_D = Mp\ln(p_0/p)/(1 - \kappa/\lambda) \tag{1.4}$$

여기서, $\lambda = 0.434C_c$, $\kappa = 0.434C_s$, p_0는 압밀압력이다. C_c, C_s는 각각 압축지수와 팽창지수이며 식 (1.4)는 그림 1.5 중 파선으로 표시한 곡선이다. Arulanandan[31]은 상한항복치를 넘지 않는 전단응력으로 평균유효주응력이 최종적으로 이곳까지 접근하는 '평균응력경로'의 존재에 대하여 검토를 추가하였다. 그리고 이와 같은 결과를 설명하려고 곡선을 횡단하여 더욱이 좌측으로 연장하고 있다. 결과를 설명하려는 하나의 이유로서 사용한 흙시료(교란되지 않은 유기질 실트질 점토)에는 주응력차가 0에서 무시할 수 없는 양의 간극수압이 발생하였다고 설명하였다. 더욱이 Arulanandan et al.[31,35,36]은 이와 같은 간극수압 발생 현상의 원인으로 그 흙의 2차 압축특성을 언급하고 있다.

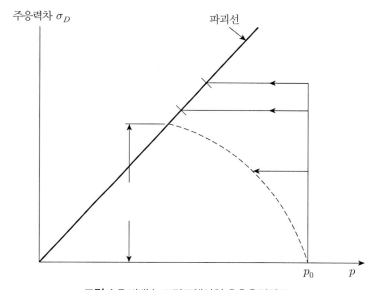

그림 1.5 비배수 크리프에서의 유효응력경로

평균응력경로의 존재와 관련하여 흥미 있는 연구가 赤井 등[13,33] 및 Sangrey et al.[37]에 의해서도 수행되었다. 赤井 등은 재성형포화점토시료에 대하여 비배수삼축압축 조건하에서 일련의 크리프시험, 진동 크리프시험(고주파수: 1Hz), 변형률제어식 전단시험 및 응력완화시험을 실시하여 식 (1.4)로 표현된 유효응력경로를 실질적인 평형응력경로로 보아도 좋음을 보여주었다. 한편 Sangrey et al.도 평형응력경로에 관련된 중요한 실험 결과를 보고하고 있다. 즉, 축변형률속도가 0.0002%/min인 매우 느린 전단시험으로 포화점토에 대한 일련의 재성형비배수 전단삼축시험을 실시한 결과 재성형 회수를 아무리 늘려도 시료가 파괴상태에는 도달하지 않는 응력의 한계가 있음을 제시하였다. 그리고 이 한계치를 넘는 전단응력 레벨하에서 재성형에 대하여 회수를 늘려도 이미 그 이상은 유효응력이 변화하지 않는 '평형선'이 있음도 밝혔다.

더욱이 점성토의 비배수 크리프 특성과 재성형비배수전단특성 사이에 유사성, 변형률과 간극수압이 전자에서는 경과시간과 함께 후자에서는 재성형 회수와 함께 누적됨에 주목하는 연구로는 Hyde·Brown[38]의 연구가 있다.

이상에서 기술한 바와 같이 크리프 특성의 대부분은 통상의 삼축 크리프시험 혹은 직접전단시험이나 링전단시험을 이용한 크리프시험이 요구되었다. 따라서 더 보편성이 큰 구성관계를 확립하기 위한 기초자료로서 다축응력 조건하에서의 흙의 크리프 거동 관찰이 바람직하다. 軽部·原田[39]는 등방정규상태까지 압밀한 재성형시료에 대하여 세 주응력이 상이한 조건에서 비배수 크리프 특성을 조사하였다. 또한 Campanella·Vaid[32]는 불교란시료에 대한 통상의 삼축응력 크리프시험(CIU와 CKOU)와 평면변형률 조건하의 크리프시험을 실시하여 점토의 비배수 크리프 거동에 미치는 압밀 시의 응력 시스템 영향과 평면변형률조건의 영향을 명확히 하였다.

1.3.3 응력완화 특성

응력완화 특성은 크리프 특성과 함께 전형적인 레오로지 현상 중 하나이다. 이 응력완화 특성에 관한 연구는 크리프 특성에 관한 연구에 비하여 매우 작다.

포화점토의 응력완화에 대한 최초의 체계적 실험적 연구와 rate process 이론에 근거하여 이론적인 해명을 실시한 것은 村山·柴田[40,41]이다. 특히 참고문헌[41]의 연구에서는 삼축압축시험장치를 이용하여 비배수 조건하에서 응력완화시험을 실시하였다. 그 결과 응력완화에서 주응력차 σ_D는 $\log t$에 비례하여 감소하는 특성이 재확인될 뿐만 아니라 응력완화 과정 중에 간극수압이 실질적으로 일정하다는 특성이 나타났다. 이들로부터 우선 응력완화의 정도를 나타내는 변수로 $\beta(\epsilon_1) \equiv -(d\sigma_D/d\log t)_{\epsilon_1}$이 중요함을 알았다. 여기서 $\beta(\epsilon_1)$은 축변형률 ϵ_1에서 응력완화곡선의 구배, $-d\sigma_D/d\log t$을 나타내고 있다.

그런데 앞에서 설명한 비배수 크리프의 경우에는 실용상의 요청도 있고 파괴응력상태에 가까운 고응력에서의 특성이 조사되는 경우가 많다. 따라서 이와 같은 고응력에서의 크리프 특성과 응력완화특성과 특히 $\beta(\epsilon_1)$ 성상을 조사해볼 필요가 있다. 村山 등[42] 및 赤井 등[13,33]은 포화점토시료에 대하여 일련의 비배수삼축응력 완화시험을 실시하여 임의의 변형률까지는 $\beta(\epsilon_1)$이 ϵ_1에 비례하여 증가하고 그 이상의 변형률에서는 $\beta(\epsilon_1)$이 실질적으로 일정함을 밝혔다. 또한 $\beta(\epsilon_1)$에 관련하여 흥미 깊은 것은 변형제어전단에서 동일 변형률 ϵ_1에 착목한 경우의 변형률속도 $\dot{\epsilon}_1$의 증가에 주응력차 σ_D의 증가율을 $\alpha(\epsilon_1) \equiv (d\sigma_D/d\log\dot{\epsilon}_1)_{\epsilon_1}$로 표시한 경우 $\beta(\epsilon_1) = \alpha(\epsilon_1)$의 관계가 성립한다(赤井 등[13,33]).

다음으로 응력완화 과정 중에 유효응력경로에 대하여 소개한다. 통상 삼축응력조건에서는 평균유효주응력 p는 $p = \sigma_D/3 + \sigma_r - u$와 같다.

여기서 σ_r은 측압이다. 통상 삼축압축시험에서는 측압을 일정하게 유지하고 응력완화 중에 간극수압 u는 실질적으로 일정하게 하는 경향이 있다. 따라서 평균유효주응력은 주응력차와 동일하게 약간 감소한다.[13,33,42,43]

이와 같은 응력완화과정 중의 유효응력 변화는 비배수전단강도 중의 유효응력변화 현상과 동일하게 타 재료와 다른 흙의 레오로지 현상의 하나의 특징을 하고 있다.

한편 다짐불포화토의 응력완화 특성에 관하여 체계적인 실험적 및 이론적 연구는 藤本[44]에 의해 실시되었다. 즉, 藤本는 다짐불포화토에 대하여 온도의존성도 고려하여 일련의 일축압축시험으로 응력완화시험을 수행하였다. 그 결과를 점탄성론에 의한 완화 스펙트럼의 개념을 고려하였다. 그리고 다짐불포화토의 응력완화 특성이 불교란 포화점토의 특성과 상당히 다르고 시료 흙의 점토광물학적 구성이나 포화도에 의존함을 밝혔다.

| 참고문헌 |

1) 後藤康平, 平井西部, 花井哲也(1975), レオロジ-とその應用, 共立出版株式會社, 東京.

2) 富田幸雄(1980), 機械工學大系(12), レオロジ-, コロナ社, 東京.

3) 홍원표(1981), '토질공학분야에서 Rheology의 연구동향', 대한토목학회지, 제29권, 제4호, pp.8-13.

4   関口秀雄(1978), "土の構成式に関する現況総括 4. マクロ・レオロジー", 土質工学会論文報告集, Vol.18, No.3, pp.85-95.

5) Terzaghi, K.(1938), "The Coulomb equation for the shear strength of cohesive soils", translated by L. Bjerrum from Die Bautechnik, From Theory to Practice in Soil Mechanics, 1960, John Wiley & Sons, pp.174-180.

6) Hvorslev, M. J.(1936), "A ring shearing apparatus for determination of the shearing resistance and plastic flow of soils", *Proc., 1ˢᵗ ICSMFE*, Vol.2, pp.125-129.

7) Casagrande, A. and Wilson, S.D.(1951), "Effect of rate of loading on the strength of clays and shales at constant water content", *Géotech*, Vol.2, No.3, pp.251-263.

8) Housel, W.S.(1959), "Dynamic and static resistance of cohesive soil 1846-1958", Papers on Soils 1959 Meetings, Am. Soc. Testing Mats., ASTM STP, No.254, pp 4-35.

9) Skempton, A.W. and Bishop, A.W.(1954), "Soils, Building Materials(edited by M. Reiner)", North Holland Publishing Company, pp.417-482.

10) 柴田 徹(1974), レオロジイ的立場から, 「第29回年次学術講演会研究討論会資料」, 土木学会, pp.38-40,

11) Crawford, C.B.(1959), "The influence of rate of strain on effective stresses in sensitive clay", Papers on Soils 1959 Meetings, Am. Soc. Testing Mats., ASTM STP, No.254, pp.36-48.

12) Berre, T. and Bjerrum, L.(1973), "Shear strength of normally consolidated clays", *Proc., 8ᵗʰ ICSMFE*, Vol1.1, pp.39-49.

13) 赤井浩一・足立紀尚・安藤信夫(1974), 飽和粘土の応力-ひずみ-時間関係, 「土木学会論文報告集」, 第225号, pp.53-61.

14) 栗原則夫(1972), 粘土のクリープ破壊に関する実験的 研究, 「土木学会論文報告集」, 第202号, pp.59-71.

15) Finn, W.D.L. and Shead, D.(1973), "Creep and, "Creep rupture of an undisturbed sensitive clay", *Proc., 8ᵗʰ ICSMFE*, Vol1.1, pp. 687-703.

16) Duncan, J.M. and Buchignani, A.L.(1973), "Failure of underwater slope in San Francisco Bay", J. Soil Mech. Found. Div., ASCE, Vol.99, No.SM9, pp.135-142.

17) Bjerrum, L.(1972), "Embankments on soft ground", *Proc., Specialty Conference on Performance of Earth*

and Earth-Supported Structures, ASCE, Vol.2, pp.1-54.

18) Bjerrum, L.(1973), "Problems of soil mechanics and construction on soft clays and structurally unstable soils", *Proc., 8ᵗʰ ICSMFE*, Vol 3, pp. 111-159.

19) Richardson, A.M. and Whitman, R.V.(1963), "Effect of strain rate upon undrained shear strength of a saturated remoulded fat clay", *Géotech*, Vol.13, No.4, pp.310-324.

20) Murayama, S. and Shibata, T.(1958), "On the rheological characters of clay-Part 1", Bull. Disast. Prev. Res. Inst., Kyoto Univ., No.26, pp.1-43.

21) Saito, M. and Uezawa, H.(1961), "Failure of soil due to creep", *Proc., 5ᵗʰ ICSMFE*, Vol.1, pp.315-318.

22) Saito, M.(1965), "Forecasting the time of occurrence of a slope failure", *Proc., 6ᵗʰ ICSMFE*, Vol.2, pp.537-541.

23) Saito, M.(1969), "Forecasting time of slope failure. by tertiary creep", *Proc., 7ᵗʰ ICSMFE*, Vol.2, pp.677-683.

24) Singh, A. and Mitchell, J.K.(1968), "General stress-strain-time function for soils", *J. Soil Mech. Found. Div., ASCE*, Vol.94, No.SM1, pp.21-46.

25) Mitchell, J.K.(1964), "Shearing resistance of soils as a rate process", *J. Soil Mech. Found. Div., ASCE*, Vol.90, No.SM1, pp.29-61.

26) Ter-Stepanian, G.(1977), "Equations of long-term creep of a clay during shear", *Preprints of Specialty Session 9, 9ᵗʰ ICSMFE*, pp.245-254.

27) Vyalov, S.S., Maslov, N.N. and Karaulova, Z.M.(1977), "Laws of soil creep and long-term strength", *Proc., 9ᵗʰ ICSMFE*, Vol.1, pp.337-340.

28) Shibata, T. and Karube, D.(1969), "Creep rate and creep strength of clays", *Proc., 7ᵗʰ ICSMFE*, Vol.1, pp.361-367.

29) Walker, L.K.(1969a), "Undrained creep in a sensitive clay", *Géotech*, Vol.19, No.4, pp.515-529.

30) 村山朔郎 栗原則夫・関口秀雄(1970), 粘土のクリープ破壊について,「京都大学防災研究所年報」, 第13号B, pp.525-541.

31) Arulanandan, K., Shen, C.K. and Young, R.B.(1971), "Undrained creep behaviour of a coastal organic silty clay", *Géotech*, Vol.21, No.4, pp.359-375.

32) Campanella, R.G. and Vaid, Y.P.(1974), "Triaxial and plane strain creep rupture of an undisturbed clay", *Canadian Geotechnical Journal*, Vol.11, No.1, pp.1-10.

33) Akai, K., Adachi, T. and Ando, N.(1975), "Existence of a unique stress-strain-time relation of clays", *Soils and Foundations*, Vo.15, No.1, pp.1-16.

34) Roscoe, K.H., Schofield, A.N. and Thurairajah, A.(1963), "Yielding of clays in states wetter than critical", *Géotech*, Vol.13, No.3, pp.211-240.

35) Holzer, T.L., Höeg, K. and Arulanandan, K.(1973), "Excess pore pressures during undrained clay creep", *Canadian Geotechnical Journal*, Vol.10, pp.12-24.

36) Shen, C.K., Arulanandan, K. and Smith, W.S.(1973), "Secondary consolidation and strength of a clay", *J. Soil Mech. Found. Div., ASCE*, Vol.99, No.SM1, pp.95-110.

37) Sangrey, D.A., Henkel, D.J. and Esrig, M.I.(1969), "The effective stress response of a saturated clay soil to repeated loading", *Canadian Geotechnical Journal*, Vol.6, No.3, pp.241-252.

38) Hyde, A.F.L. and Brown, S.F.(1976), "The plastic deformation of a silty clay under creep and repeated loading", *Géotech*, Vol.26, No.1, pp.173 -184.

39) 軽部大蔵・原田棉四郎(1967), 練返し粘土の平面変形条件について,「土木学会論文集, 第147号, pp.1-9; 35.

40) Murayama, S. and Shibata, T.(1961), "Rheological properties of clays", *Proc., 5th ICSMFE*, Vol.1, pp.269-273.

41) Murayama, S. and Shibata, T.(1966), "Flow and stress relaxation of clays", *Proc., IUTAM Symp. Rheology and Soil Mechanics, Grenoble*, pp.99-129.

42) Murayama, S., Sekiguchi, H. and Ueda, T.(1974), "A study of the stress-strain-time behavior of saturated clays based on a theory of nonlinear viscoelasticity", *Soils and Foundations*, Vol.14, No.2, pp.19-33.

43) Lacerda, W.A. and Houston, W.N.(1973), "Stress relaxation in soils", *Proc., 8th ICSMFE*, Vol.1.1, pp.221-227.

44) 藤本 広(1965), 締固めた不飽和土の一軸圧縮条件下 の応力緩和に関する実験的考察,「土木学会論文集」, 第119, pp.19-27.

점탄성 해석의 기본 개념

점탄성 해석의 기본 개념

2.1 서 론

지구상의 모든 물질을 존재 상태별로 분류하면 기체계·액체계 및 고체계의 세 가지로 생각할 수 있다. 이들은 각각 역학적 성질을 달리한다. 즉, 기체계에 관해서는 압력과 체적에 관한 기체법칙이, 액체계에 관해서는 유동속도와 저항에 관한 점성법칙이, 고체계에 관하여는 힘과 변형에 관한 탄성법칙 등이 기본적 성질이 될 것이다.

이들 중 기체계에 관해서는 압축변형이 주로 문제가 되므로, 현상에 다양성이 있는 고체계와 액체계로 구성된 혼합물(예를 들면, jam, chewing gum, 아스팔트, 점토 등)에 관해서만 알아보기로 한다. 이 혼합물은 역학적으로 고체의 탄성과 액체의 점성의 양쪽 성질을 함께 나타낼 것이다. 이와 같은 물체는 점탄성체라 하여 19세기 후반부터 이미 이들에 관한 특성이 주목되기 시작하였다. 점탄성을 연구한 대표자로는 영국의 Maxwell과 Kelvin, 독일의 Voigt 등을 들수 있으며,[1] 이들의 연구는 레오로지(rheology)를 발전시키는 데 크게 기여하였다. 국내에서도 이종규·정인준(1981)은 레오로지를 '유변학(流變學)'이라 칭하기도 하였다.[2] 그러나 정확히는 변형과 점성의 특성이 함께 취급되는 점탄성을 다룰 수 있는 '점탄성역학'으로 부르는 것이 타당할 것이다.

토질공학 분야에서의 레오로지 연구에 관해서는 제5장에서 상세히 정리 분석할 예정이다.[3] 우선 제2장에서는 점탄성체의 역학적 거동을 해석하기 위한 방법 중 현상론적 고찰에 의한 접근법(Macro-Rheology)의 기초적 사항에 관하여 정리·설명하고자 한다.

2.2 점탄성이론

물체의 변형은 Hooke의 탄성법칙에 따르는 탄성변형으로 대표되고, 물체의 유동은 Newton의 점성법칙에 따르는 점성유동으로 대표된다. 레오로지에서는 이러한 특성을 그림 2.1과 같은 역학적 기본요소를 활용한 모델로 표시하고 있다.

즉, Hooke의 탄성은 그림 2.1(a)에서 보는 바와 같이 탄성계수 E를 갖는 스프링(spring)으로 표시하여 응력과 변형률이 선형관계가 되도록 한다. 한편 Newton의 점성은 그림 2.1(b)와 같이 실린더 속에 피스톤의 모형을 그린 대시포트(dashpot)로 표시한다. 대시포트는 점성이 높은 액체가 들어 있는 실린더 속에 피스톤 혹은 구멍을 뚫은 판을 끼운 것으로 일종의 제동기를 나타낸다.

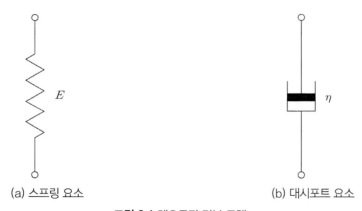

(a) 스프링 요소   (b) 대시포트 요소

그림 2.1 레오로지 기본 모델

물체의 변형과 유동을 조사하기 위해서는 탄성론과 유체역학에 사용되는 응력과 변형률 사이의 관계 혹은 응력과 변형속도 사이의 관계가 응용된다. 따라서 수학적인 취급도 이들 이론의 연장이라고 생각할 수 있으나, 근본적인 차이점은 Hooke의 법칙이나 Newton의 법칙이 그대로 적용될 수 없다는 점이 남아 있게 된다. 이는 대부분의 점탄성재료가 이상(理想)탄성 및 이상(理想)점성에 들어맞지 않으며 변형과 유동의 중간에 속하는 각종 현상을 나타내고 있기 때문이다.

그러나 일반적으로 응력과 변형률 사이의 평형관계가 성립하는 경우를 통칭하여 탄성이라 부른다. 한편 유동의 경우에는 응력과 변형률 사이에 평형관계가 성립하지 않는다. 그 대신 응력과 변형속도와의 관계가 성립하는 경우를 통칭하여 유동성으로 취급한다.

2.2.1 점탄성의 기본 특성 - Hooke의 탄성법칙

한천, 지우개 등을 손가락으로 누르면 오목하게 들어가고 손가락을 치우면 원형으로 되돌아온다. 고무줄이나 강철의 스프링 등도 동일한 거동을 보인다. 이와 같이 원래의 위치로 되돌아오는 성질을 우리는 탄성이라 부른다. 즉, 탄성변형의 특성은 힘을 가하면 순간적으로 변형하고 힘을 제거하면 원래의 위치로 즉각적으로 되돌아온다. 또한 고무줄과 강선은 동일한 힘을 가하면 고무줄의 경우가 더 늘어난다. 이와 같은 물체의 탄성의 차이를 정량적으로 나타내는 데는 탄성정수를 활용한다.

(1) 탄성정수의 정의

일반적으로 탄성체에 압축, 인장, 비틀림 등의 힘을 가하면 그 힘의 종류에 따라 수축, 신장, 팽창, 비틀림 등이 발생한다. 이들 거동은 모두 응력과 변형 혹은 변형률 사이의 관계를 나타낸다.

탄성의 정도를 나타내는 데는 탄성정수를 활용한다. 이 경우 탄성정수는 가한 힘과 그에 따른 변형률 사이의 비례정수로 정의한다. 즉, 탄성체에 가한 단위면적당 힘을 f라 하고 발생한 길이당 변형률 s 사이의 관계가 식 (2.1)로 표현될 때 비례정수 G를 이 탄성체의 탄성정수 혹은 탄성률이라 부른다. G가 변형률의 크기에 의존하지 않을 때 Hooke의 탄성이라 부른다. 변형률 s의 종류에 따라 여러 가지의 탄성정수가 정의된다.

$$f = Gs \tag{2.1}$$

변의 길이가 a, b, c인 직방형 탄성체를 대상으로 하면, 그림 2.2(a)에 도시된 바와 같이 직방체의 한 면에 수직으로 x축 방향으로 압력 F가 작용하는 경우 x축 방향으로 미소량 Δa만큼 수축하면 y축과 z축 방향으로는 미소량 Δb 및 Δc만큼 팽창한다. 이 경우 단위면적당 힘 $f = F/bc$와 단위길이당 변형률 $\alpha = \Delta a/a$ 사이의 관계는 식 (2.2)와 같이 된다.

$$\frac{F}{bc} = f = E\alpha = E\frac{\Delta a}{a} \tag{2.2}$$

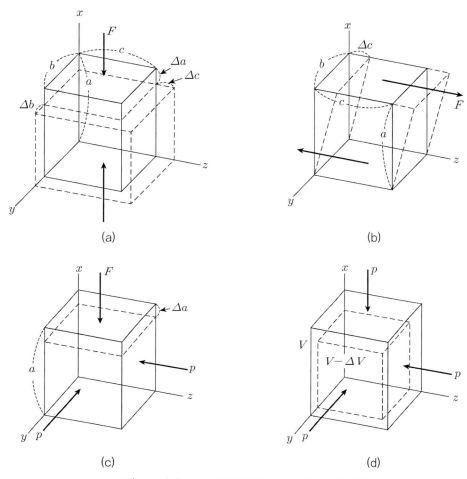

(a)

(b)

(c)

(d)

그림 2.2 탄성체의 변형률과 응력과 탄성정수와의 관계

식 (2.2)의 탄성정수 E(dyne/cm²)을 영률(young's modulus)이라 부른다. y축과 z축 방향의 단위길이당 팽창량을 각각 β, γ라 하면 $\beta = \Delta b/b$, $\gamma = \Delta c/c$이 된다. 등방탄성체의 경우는 $\beta = \gamma$가 되며 식 (2.3)으로 포아송비 σ를 식 (2.3)과 같이 정의한다.

$$\sigma = \frac{\beta}{\alpha} = \frac{\gamma}{\alpha} \tag{2.3}$$

한편 그림 2.2(b)에 도시된 바와 같이 전단력 F가 가해진 경우 단위두께당 전단변형률 $\delta = \Delta c/a$는 식 (2.4)와 같이 된다. 여기서 탄성정수 G(dyne/cm^2)를 강성률(rigidity)이라 부른다.

G라 부르는 기호는 식 (2.1)에 표시한 바와 같이 일반적으로 탄성정수를 의미한다. 식 (2.4)로 표현되는 전단응력이 작용하는 경우는 G가 강성률에 해당한다.

$$\frac{F}{bc} = f = G\delta = G\frac{\Delta c}{a} \tag{2.4}$$

탄성정수로 사용되는데, Lame의 정수 λ, μ가 있다. 그림 2.2(c)에서 보는 바와 같이 x방향으로 힘 F를 받고 y방향과 z방향으로 팽창변형하지 않도록 측면에 단위면적당 힘 p를 가하면 이 힘 p와 x방향의 단위길이당 변형률 $s(=\Delta a/a)$와 사이의 비례정수 λ를 도입하면 식 (2.5)와 같이 표현된다.

$$p = \lambda s \tag{2.5}$$

여기서, 강성률 G를 μ로 쓰기도 한다. 이 λ, μ를 합쳐 Lame의 정수라 부른다.

무한히 넓은 강성체 내에 조밀한 파가 전파될 때, 예를 들면 그림 2.2(c)의 직방체의 x축으로 수직면을 급히 두드릴 경우에는 탄성체 내의 미소체적부분에 대해서는 그림 2.2(c)와 같은 형태가 일어난다. 탄성론에서는 이때의 변형률 s와 힘 f 사이의 관계는 식 (2.6)과 같다. 이때의 탄성정수는 $(\lambda + 2G)$가 된다.

$$f = (\lambda + 2G)s \tag{2.6}$$

다음으로 그림 2.2(d)와 같이 x, y, z각 방향으로 등방압력 p로 압축될 때 직방체의 형태는 변하지 않고 체적이 ΔV만큼 수축한다.

$$p = K\frac{\Delta V}{V} \tag{2.7}$$

여기서 탄성정수 K를 체적탄성률이라 부른다. 그리고 그 역수 $1/K = \kappa$를 압축률이라 부른다.

탄성역학에서 등방탄성체에서는 앞에서 설명한 제반정수들 중 독립적으로 둘을 정하면 다른 탄성적 성질은 구할 수 있다. 표 2.1은 여러 가지 탄성정수 상호간의 관계식을 정리한 표이다.

표 2.1 탄성정수 상호 간의 관계식[4]

탄성정수	$(\lambda,\ G)$	$(K,\ G)$	$(G,\ \sigma)$	$(E,\ \sigma)$	$(E,\ G)$
Lame의 정수 λ	$= \lambda$	$= K - \dfrac{2}{3}G$	$= \dfrac{2Ga}{1-2a}$	$= \dfrac{Ea}{(1+a)(1-2a)}$	$= \dfrac{G(E-2G)}{3G-E}$
탄성률 G 또는 Lame의 정수 μ	$= G$	$= G$	$= G$	$= \dfrac{E}{2(1+a)}$	$= G$
체적탄성률 K 또는 압축률의 역수 $\dfrac{1}{k}$	$= \lambda + \dfrac{2}{3}G$	$= K$	$= \dfrac{2G(1+a)}{3(1-2a)}$	$= \dfrac{E}{3(1-2a)}$	$= \dfrac{EG}{3(3G-E)}$
영률 E	$= \dfrac{(3\lambda+2G)G}{\lambda+G}$	$= \dfrac{9KG}{3K+G}$	$= 2(1+a)G$	$= E$	$= E$
포아슨비 σ	$= \dfrac{\lambda}{2(\lambda+G)}$	$= \dfrac{3K-2G}{6K+2G}$	$= \sigma$	$= \sigma$	$= \dfrac{E-2G}{2G}$

(2) 고무탄성의 특성

바늘과 고무줄의 탄성을 비교해보자. 바늘을 인장함에는 상당한 힘이 필요하다. 또한 1% 이상을 인장하면 힘을 제거해도 원래의 길이로 돌아오지 않는다. 이는 금속의 영률이 $10^{11} \sim 10^{12}$dyne/cm^2 정도로 크기 때문이다. 또한 원래로 되돌아올 수 있는 탄성변형률이 비교적 작기 때문이다. 이에 비교해서 고무줄은 비교적 작은 힘으로 용이하게 늘릴 수 있고 더욱이 원래의 길이의 5배 정도까지 늘려도 힘을 제거하면 완전히 원래의 길이로 되돌아온다.

고무의 영률은 10^7dyne/cm^2 정도이고 원래로 되돌아올 수 있는 변형, 즉 가역적 탄성변형의 한계가 금속에 비해 매우 크다. 또한 영률의 온도 변화에 대해서도 금속은 온도 상승에 대하여 일정하거나 좀 낮은 데 비하여 고무는 온도 상승과 함께 영률이 올라간다. 이를 보면 금속과 고무는 탄성기구가 전혀 다르다고 생각된다. 고무와 같이 가역적탄성변형의 한계가 비교적 큰 재료(1% 이상)를 고탄성이라 부른다.

2.2.2 점탄성의 기본특성 - Newton의 점성법칙

(1) 점성계수 및 평면층상유동(Newton 유동)

액체 중에 손가락이나 막대기를 넣어 휘저으면 액체의 종류에 따라 다른 저항을 느낀다. 또한 비커를 기울이거나 작은 구멍으로 액체를 흐르게 할 때 물질에 따라서는 유출 속도가 다른 것은 일상의 경험으로 잘 알려져 있다.

이와 같이 액체를 움직이려 할 때의 저항이나 유동 난이도의 차이를 나타내는데, '끈적거리다'라는 단어가 사용된다. 이 끈적임을 물리량으로 정의한 사람이 Newton이다.

Newton(1685)은 그림 2.3에 도시된 P면을 움직이는 데 필요한 힘 F는 면적 A와 P면 및 Q면 두 면 사이의 속도구배 $\Delta v / \Delta x$에 비례한다고 가정하여 비례정수를 η로 하면 이를 점성계수(visciousty coefficient)라 부르며 이들 사이의 관계는 식 (2.8)과 같다.

$$F = \eta A \frac{\Delta v}{\Delta x} \tag{2.8}$$

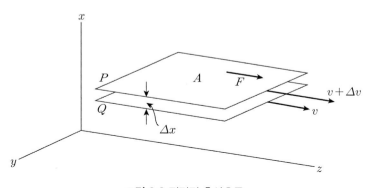

그림 2.3 평면적 층상유동

일반적으로 면 Q가 고정되어 있지 않아도 P면과 Q면 사이의 상대속도차가 Δv라면 위에서 기술한 식 (2.8)의 관계가 성립한다. 즉, 그림 2.3에서 보는 바와 같이 Q면 및 P면의 속도가 각각 v 및 $v + \Delta v$라면 식 (2.8)이 성립한다. 또한 두 면 사이에 있는 액체의 각 부분에서의 속도구배 dv/dx가 어느 부분에 있어도 일정하다고 하는 것은 P면과 Q면 두 면 사이의 속도구배 $\Delta v / \Delta x$도 동일하다는 것이 되므로 식 (2.8)은 (2.9)로 표현된다.

$$\frac{F}{A} = f = \eta\frac{dv}{dx} \tag{2.9}$$

여기서 f는 액체흐름층의 단위면적당 점성저항력이고 이를 Newton의 점성유동법칙이라 한다. η의 차원은 {M L^{-1} T^{-1}}으로 단위는 c.g.s계에서는 gr cm^{-1}sec^{-1}가 된다. 이를 poise라 부른다. 0.01poise를 cp(centipoise)로 나타내기도 한다. 또한 점성계수의 역수 $1/\eta$을 ϕ로 나타내며 이를 유동도(fluidity)라 부른다.

그림 2.3에서 보는 바와 같이 액체 중에 dx 간격을 가지는 두 면이 상대적으로 dz만큼 옆으로 밀려 있으면 밀림 정도(전단변형률 혹은 밀림변형률), 즉 단위길이간격당의 밀림 정도는 dz/dx로 나타낸다. 이를 s로 표시하면 속도구배 dv/dx는 다음과 같이 다시 쓸 수 있다.

$$\frac{dv}{dx} = \frac{d}{dx}\left(\frac{dz}{dt}\right) = \frac{d}{dt}\left(\frac{dz}{dx}\right) = \frac{ds}{dt} \tag{2.10}$$

따라서 액체의 밀림변형을 유발시키는 힘은 밀림변형속도 또는 전단변형속도(rate of shear)에 비례하게 된다.

점성계수 η와 밀도 ρ의 비 $\nu = \eta/\rho$를 동점성계수(kinematic viscosity)라 부른다. 점성유체의 운동상태에서는 점성저항과 관성과의 상대적관계가 중요한 의미를 가지므로 유체역학에서는 η보다 오히려 ν가 잘 사용된다.

(2) 가는 관 속 층상유동

Hagen(1839) 및 Poiseuille(1840)는 독립적으로 모세관을 흐르는 물의 유동량 V를 측정하여 식 (2.11)과 같은 Hagen-Poiseuille 법칙을 제안하였다.

$$V = \frac{kpr_o^4 t}{l} \tag{2.11}$$

여기서 k는 비례정수이다.

그림 2.4에 도시된 바와 같이 점성계수 η의 액체가 반경 r_o, 길이 l의 원통관 속에서 양단

부의 압력차가 p인 상태에서 층상의 정상유동을 하고 있는 경우, 관벽에 접한 액체는 미끄러지지 않는다고 하면 그 부분의 유속은 0이 되지만 벽에서 멀리 떨어질수록 유속은 커져 중앙부에서 최대가 된다.

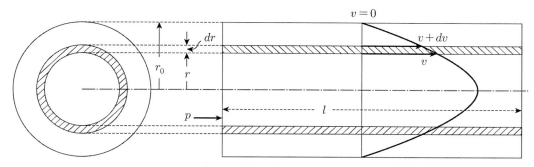

그림 2.4 원관 속의 poiseuille 흐름

반경 r의 원통형의 층류를 생각하면, 이 원통형 부분을 미는 압력은 $\pi r^2 p$이고 이에 비하여 반대방향으로는 면적 $2\pi r l$에 연하여 작용하는 점성저항력 F는 Newton 법칙의 식 (2.9)에 의거 $\eta(2\pi r l dv/dr)$로 주어진다. 정상상태에서는 이들 양자는 평형을 이루므로 식 (2.12)가 성립한다.

$$F = -2\pi r l \eta \frac{dv}{dr} = \pi r^2 p \tag{2.12}$$

이를 정리하면

$$\frac{dv}{dr} = -\frac{p}{2l\eta}r \tag{2.13}$$

이를 적분하면

$$v = -\frac{p}{4l\eta}r^2 + C \tag{2.14}$$

여기서 C는 적분상수이며 $r = r_o$일 때 $v = 0$인 경계조건으로 구하면 $C = \dfrac{p}{4l\eta}r_o^2$이 된다. 따라서 식 (2.14)는 다음과 같이 된다.

$$v = \frac{p}{4l\eta}(r_0^2 - r^2) \tag{2.15}$$

이 식은 관 속의 유속분포가 그림 2.4에 도시한 바와 같이 중앙에서 거리 r에 대하여 포물선이 된다. 이 경우 관 중심에서의 속도가 최대가 된다.

다음으로 중앙에서 r거리에 두께 dr, 속도 v의 관상층류를 생각하면 단위시간당 유량은 $2\pi r dr v$이므로 관 전체로는 t시간 동안 흐르는 유량 V는 식 (2.16)과 같다.

$$V = \int_0^{r_o} t\, v\, 2\pi r\, dr = \frac{\pi pt}{2l\eta}\int_0^{r_o} r(r_o^2 - r^2)dr \tag{2.16}$$

$$V = \frac{\pi p r_o^4 t}{8l\eta} \tag{2.17}$$

식 (2.17)은 앞에서 설명한 Hagen-Poiseuille 법칙 식 (2.11)과 동일한 식이다.

2.3 레오로지 방정식의 기본형

응력과 변형률 사이의 관계는 주로 실험적 방법에 의하여 구한다. 이 경우 탄성이나 점성의 연구에 사용하는 것과 동일하게 단순인장, 단순전단, 비틀림(torsion), 휨(bending)과 같은 비교적 간단한 형태의 변형을 실시함이 좋을 것이다. 이들 측정에 의하여 얻을 수 있는 응력과 변형률 사이의 관계를 그 물질의 레오로지 방정식으로 표현하게 된다.

그림 2.5는 탄성재료의 특성을 설명한 그림이다. 즉, 일정한 응력 σ_1을 t_1 시간 동안 가하여 변형률의 시간적 변화상태를 개략적으로 표시하였다. 그림 중 일점쇄선은 σ_1의 응력을 가함과 동시에 일정한 변형률 ϵ_1이 발생하고 응력을 제거시키면 변형률이 즉각 소실되는 경우의 이상탄성을 의미한다. 한편 지연탄성은 응력을 가해도 변형률이 한 번에 커지지 않고 시간과

함께 증대하면서 일정치에 접근하고 응력을 제거한 경우에도 변형률이 서서히 0에 근접하는 거동을 보인다. 그러나 가한 응력이 일정하면 변형률의 접근치도 일정함을 보인다(예를 들면, σ_1의 응력을 작용하면 변형률의 접근치는 ϵ_1이다). 결국 탄성에서는 응력과 변형률 사이의 관계를 얻을 수 있으며, 이 관계가 선형인 Hooke 탄성의 레오로지 방정식은 다음과 같이 표시된다.

$$\sigma = E\epsilon \tag{2.18}$$

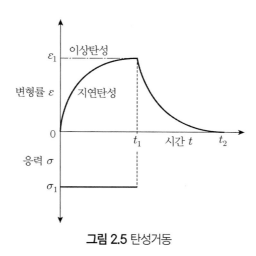

그림 2.5 탄성거동

한편 응력과 변형률 사이의 관계가 비선형인 비 Hooke의 탄성의 경유는 탄성계수 E가 응력(혹은 변형률)에 의하여 변화되므로 레오로지 방정식은 식 (2.19)와 같이 표현할 수 있다. 그러나 응력의 전 범위에 대하여 동일한 n으로 표시할 수 있는 경우는 드물다.

$$\epsilon = k_1 a^n \quad (n \neq 1) \tag{2.19}$$

그림 2.6은 물체의 유동성 거동을 나타내고 있다. 즉, 응력이 작용하고 있는 한 변형률은 계속 증가하며 t_1시간 후 응력을 제거시켜도 그 시각에서의 변형률(ϵ_1, ϵ_2 혹은 ϵ_3)은 전혀 회복하지 못하고 영구변형률로 남아 있게 된다. 여기서 변형률의 시간적 증가량이 일정한 경우, 즉 변형속도가 변하지 않는 uniform flow에서는 응력과 변형속도 사이에 일정한 관계가

성립하게 된다. 이와 같은 Newton 유동은 식 (2.20)과 같이 표시된다.

$$\sigma = \eta \dot{\epsilon} \tag{2.20}$$

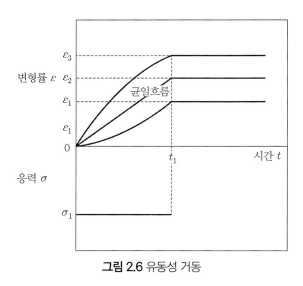

그림 2.6 유동성 거동

균일흐름이 아닌 Newton 유체의 경우는 점성계수 η가 응력(혹은 변형속도)에 따라 변하므로 레오로지 방정식은 식 (2.21)과 같이 지수함수형으로 표시된다.

$$\dot{\epsilon} = k_2 \sigma^n \quad (n \neq 1) \tag{2.21}$$

한편 동일 물질이라도 응력의 범위에 따라 탄성과 유동성의 양쪽 성질을 나타내는 소성의 경우가 있다. 즉, 응력이 작은 경우는 탄성을 보이나 어느 응력(항복치) 이상에서는 유동성을 보이게 된다. 항복치 σ_0 이상의 응력에서 유동성이 균일흐름인 경우는 그림 2.6과 같은 소성 유동의 관계가 되며, 이 경우 레오로지 방정식은 식 (2.22)와 같이 표시된다.

$$\dot{\epsilon} = k_3 (\sigma - \sigma_0)^n \tag{2.22}$$

그림 2.7에서 보는 바와 같이 유동 부분이 직선으로 표시되는 경우를 특별히 Bingham 유동

이라 하며, $n = 1$ 및 $k_3 = 1/\eta$이 되어 식 (2.22)는 (2.23)과 같이 된다.

$$\dot{\epsilon} = \frac{1}{\eta}(\dot{\sigma} - \sigma_0)$$

(2.23)

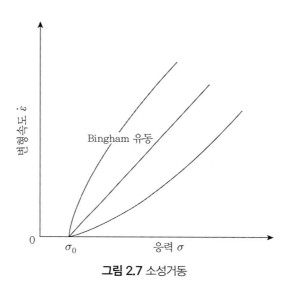

그림 2.7 소성거동

2.4 점탄성 현상

앞에서 기본적인 레오로지 방정식에 관하여 설명하였으나 물체의 거동을 이들 단순한 식만으로 표시할 수 없는 경우가 많다.

2.4.1 고체적 점탄성

염화비닐의 끈을 일정한 힘으로 인장하면 쭉 늘어날 것이고, 손을 놓으면 금세 원래 상태로 돌아오지 못하고 서서히 줄어든다. 탄성적으로 늘어난 것 같기도 하고 점성적으로 유동한 것처럼 보이기도 한다. 결국 탄성거동과 점성유동이 함께 섞여 있다고 할 수 있다. 이 경우에는 비닐에 유동의 특성이 섞여 있다고는 말할 수 있어도 어디까지나 본성은 고체이며 형태를 가질 수 있는 특성이 완전하다. 즉, 비닐 끈은 언제까지 방치해도 유동해버리는 힘은 없을 것이다. 따라서 점탄성임에는 틀림이 없으나 탄성 속에 점성이 조금 섞여 있는 소위 고체적 점탄성이라 부르는 것이 좋을 것이다.

이와 같은 점탄성체를 레오로지로 다룬 경우를 예로 들면, 그림 2.8(a)에 모델로 표시한 Voigt 모델이다.[1] 이는 점탄성체가 Hooke의 탄성체와 Newton의 점성체로 되어 있다고 가정하여 스프링과 대시포트를 병렬로 연결시킴으로써 탄성력과 점성저항이 외력과 평형을 이루고 있다고 생각하는 방법이다. 따라서 레오로지 방정식은 식 (2.24)와 같이 된다.

$$\sigma = E\epsilon + \eta\dot{\epsilon} \tag{2.24}$$

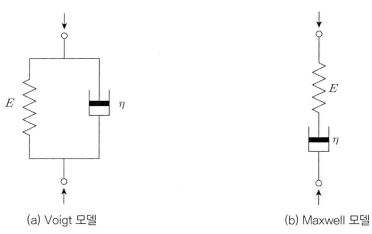

(a) Voigt 모델　　　　　(b) Maxwell 모델

그림 2.8 점탄성 모델

2.4.2 액체적 점탄성

유체역학에서는 대체적으로 완전 유체라는 가상의 유체를 취급하여 많은 성과를 올려왔다. 그러나 실제 유체는 완전유체와 달리 점성이 있기 때문에 점성유체역학에 관한 이론적 체계의 성립을 보게 되었다. 그럼에도 불구하고 유체의 특성이 모두 설명되기까지는 아직도 부족한 것 같다.

예를 들어, 유산소다 수용액에는 묘한 특성이 있다. 이 용액을 유리봉으로 휘저은 후 유리봉을 치우면 액체 전체의 회전이 조용히 멈추었다고 생각이 드는 순간 지금까지의 회전과는 반대방향으로 조금 더 회전하는 것을 볼 수 있다. 조금이나마 회복을 하였기 때문에 탄성적 성질이 섞여 있다고 생각하지 않으면 안 된다. 즉, 이와 같은 액체는 점탄성액체이다.

그 밖에 아스팔트도 두드리면 돌과 같이 갈라지나 점성유동의 성질도 보인다. 이러한 점탄성은 유체적인 점탄성, 즉 무한히 유동이 계속되는 형태의 점탄성이다.

Maxwell은 이와 같은 액체적 점탄성에 대한 탄성응력의 소멸 혹은 완화를 설명하기 위하여 그림 2.8(b)와 같이 스프링과 대시포트를 직렬로 연결시킨 모델을 제안하였다.[1] 이 모델에서 변형속도 $\dot{\epsilon}$ 는 식 (2.25)와 같이 표현된다.

$$\dot{\epsilon} = \frac{1}{E}\dot{\sigma} + \frac{1}{\eta}\sigma \tag{2.25}$$

2.4.3 응력완화와 크리프

점탄성은 응력과 변형률 사이에 시간이 개입되는 현상이므로 응력이 시간과 함께 어떻게 변하여 갈까 혹은 변형률이 시간의 어떤 함수일까 하는 것이 중요한 문제이다.

점탄성 물체에 일정한 변형률을 유지시키면서 방치하면 응력이 점차 감소되는 응력완화 현상이 발생한다. 이때 응력은 고체적 점탄성에서는 일정 유한치에 달하여 그 이상 감소되지 않으나 액체적 점탄성에서는 최종적으로 0이 되어버린다. 이러한 점탄성 현상에서는 '일정변형률' 아래라는 조건이 가해진다. 즉, 최초에 가한 일정변형률 상태를 계속하기 위해서는 최초에 가하였던 응력을 서서히 감소시키지 않으면 안 될 것이다.

크리프 현상에서의 관점은 반대다. 즉, 점탄성체에 일정한 응력을 가하여 방치하면 변형률은 점차 증가하게 될 것이다. 이 경우 변형률은 고체적 점탄성에서는 일정치에 달하여 멈추지만 액체적 점탄성에서는 최후까지 계속하여 유동할 것이다.

점탄성 물체에 발생하는 응력완화 및 크리프 현상을 해석하기 위해서는 식 (2.24) 및 (2.25)에 변형률 혹은 응력이 일절하다는 조건을 대입하여 실시할 수 있다. 지세한 사항은 제3장에 설명되어 있으므로 참조하길 바란다.

| 참고문헌 |

1) Bowles, J.E.(1979), *Physical and Geotechnical Properties of Soils*, McGraw Hill, Tokyo, pp.291-297.

2) 이종규 · 정인준(1981), '점토의 Creep 거동에 관한 유변학적 연구', 대한토목학회논문집, 제1권, 제1호, pp.53-68.

3) 홍원표(1981), '토질공학 분야에서 Rheology의 연구 동향', 대한토목학회지, 제29호, 제4호, pp.8-13.

4) 後藤康平 · 平井西部 · 花井哲也(1975), レオロジ-とその應用, 共立出版株式會社, 東京.

점탄성 현상의 해석

Chapter 03

점탄성 현상의 해석

3.1 서 언

시간의존성 변형을 일으키는 점탄성체의 역학적 거동을 해석하기 위하여 레오로지(rheology)가 발전하게 되었다.[3,4] 레오로지란 변형(deformation)과 유동(flow)에 관한 과학으로 변형을 대표하는 것은 탄성변형이며 유동을 대표하는 것은 점성유동이라 생각된다. 그러나 재료 중에는 이들 두 가지 중 어느 쪽에도 적용되지 않는 경우가 많다. 따라서 레오로지의 주 연구 대상은 이들 변형과 유동의 중간에 속하는 각종 현상의 본질을 밝히는 것이다.

변형과 유동을 조사하는 방법으로는 탄성론과 유체역학에서 사용되는 응력과 변형률 사이의 관계 혹은 응력과 변형속도 사이의 관계가 그대로 응용된다. 따라서 수학적 취급은 이들 이론의 연장이라 생각할 수 있으나 근본적인 차이는 Hooke의 법칙이나 Newton의 법칙이 그대로 적용될 수 없다는 점에 있다.

응력과 변형률 사이의 관계는 물질에 따라 다르기 때문에 이를 조사하기 위해서는 실험적 방법이 사용된다. 즉, 탄성이나 점성의 연구에 많이 사용되는 단순인장, 단순전단, 비틀림, 휨과 같은 되도록 간단한 형태의 변형을 실시하는 것이 유리하다. 이들 측정에 근거하여 얻어지는 응력과 변형률 간의 관계를 그 물질의 레오로지 방정식이라 한다.

필자는 1981년 토질공학 분야에서 사용되고 있는 레오로지의 국제적 연구 동향을 정리·발표한 바 있다.[2] 그 밖에도 점토의 크리프 거동을 연구하기 위하여 우리나라에서도 레오로지 방정식이 이용된 바 있다.[1] 그 논문에서 레오로지를 유변학이라 불렀다. 또한 필자는 점탄성해석의 기본 개념을 소개하는 기회에 몇몇 기본적 레오로지 방정식을 정리한 바도 있다.[3]

이를 기초로 하여 제3장에서는 점탄성 현상의 수학적 취급법을 정리하고자 하며 이 분야의 금후 연구에 기여하고자 한다.[4]

3.2 고체적 점탄성

고체가 변형할 때도 액체의 유동의 경우와 같은 내부마찰이 있을 것이다. 그러나 액체의 경우는 내부마찰에 의한 저항력이 변형속도에 비례한다는 간단한 Newton의 가정으로 이 문제를 취급할 수 있으나 고체의 내부마찰은 이와 같은 간단한 법칙에는 따르지 않음을 실험적으로 밝히고 있다. 그럼에도 불구하고 근사적으로 Newton적인 내부마찰 혹은 점성이 있는 것으로 가정해본다. 고체의 점성에 대한 분자론적인 기구는 고려하지 않고 현상론적 입장에 입각하여 다음과 같은 모델을 생각한다. 즉, 완전탄성고체는 형성된 스펀지 상태의 다공질 물체 속의 작은 구멍에 기름과 같은 Newton적인 점성유체가 완전히 차있는 경우를 생각한다. 이와 같은 물체를 Voigt 물체 혹은 Kelvin 고체라 한다.[3] 이 경우 스펀지만은 변형이 완전탄성적이라서 시간효과가 나타나지 않지만 점성액체가 들어가 있어서 힘을 가하면 일시에 변형이 발생하는 것이 아니고 서서히 변형하게 된다. 그러나 전체의 변형은 스펀지의 골조가 외력에 비례하는 Hooke 법칙에 의한 양만큼 발생하면 멈추게 된다. 외력을 제거시킨 경우도 일시에 변형이 회복하는 것이 아니고 서서히 회복하나 마지막에는 완전히 회복하게 된다.

이 거동을 수학적으로 표시하면 다음과 같다. 외력을 가한 경우 그 힘에 저항하는 것은 스펀지의 탄성력과 점성액체의 점성저항이다. 이 두 가지 저항력의 합이 외력에 평형을 이루기 때문에 식 (3.1)과 같이 표현할 수 있다.

$$\sigma = E\epsilon + \eta \frac{d\epsilon}{dt} \tag{3.1}$$

여기서 σ는 응력, ϵ은 변형률, $d\epsilon/dt$는 변형속도, E는 탄성계수, η는 점성계수이다. 식 (3.1)의 해는 다음과 같다.

$$\epsilon = e^{-\frac{E}{\eta}t}\left(\epsilon_0 + \frac{1}{\eta}\int \sigma e^{\frac{E}{\eta}t}\,dt\right) \qquad (3.2)$$

여기서 ϵ_0는 $t=0$일 때의 초기변형률이다. 식 (3.2)에서 알 수 있는 바와 같이 응력 σ가 시간에 따라 변화하는 경우를 취급하는 것은 복잡하나 만약 일정응력이 작용하고 있다면 식 (3.2)의 적분은 식 (3.3)과 같이 정리된다.

$$\epsilon = \frac{\sigma}{E} + \left(\epsilon_0 - \frac{\sigma}{E}\right)e^{-\frac{E}{\eta}t} \qquad (3.3)$$

더욱이 초기변형률이 없는 상태에서 응력이 작용한 경우는 식 (3.4)가 얻어진다.

$$\epsilon = \frac{\sigma}{E}\left(1 - e^{-\frac{E}{\eta}t}\right) \qquad (3.4)$$

이들 식으로부터 알 수 있는 바와 같이 탄성적 변형 σ/E는 하중을 작용시킨 순간에 발생하는 것이 아니고 지연되어 발생하며 무한시간($t \to \infty$) 후에야 σ/E의 값에 도달된다.

한편 어떤 응력이 작용되어 ϵ_0만큼의 변형이 발생된 물체로부터 응력을 일시에 제거시키면 식 (3.3) 중 $\sigma=0$이 되어 식 (3.5)가 얻어진다.

$$\epsilon = \epsilon_0 e^{-\frac{E}{\eta}t} \qquad (3.5)$$

즉, 이 경우도 변형이 즉시 0으로 회복되지 않고 변형의 회복이 점진적으로 진행되며 무한시간 후에야 완전히 소멸된다. 이상의 관점을 그림으로 표시하면 그림 3.1과 같다.

이와 같은 점탄성, 즉 고체적 점탄성을 Voigt 점탄성, 병열점탄성, 지연탄성 혹은 고체점성 등으로 부른다. 그리고 응력을 제거하여도 즉시 회복되지 않고 장시간에 걸쳐 서서히 변형이 회복되는 현상을 크리프 회복 혹은 탄성 후 효과라 한다.

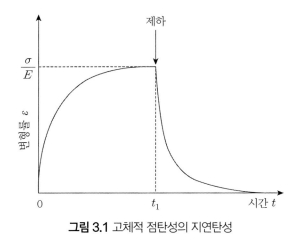

그림 3.1 고체적 점탄성의 지연탄성

식 (3.5) 중 η/E를 식 (3.6)과 같이 T_K라 하여 지연시간(retardation time)이라 한다.

$$T_K = \frac{\eta}{E} \tag{3.6}$$

T_K는 시간의 차원을 가지는 양이며 물리적 의미를 생각하여 보면 다음과 같다. 식 (3.5)에서 $(E/\eta)t = 1$인 경우, 즉 $t = \eta/E (= T_K)$인 시간에서의 변형률 ϵ은 다음과 같다.

$$\epsilon = \epsilon_0 e^{-1} \tag{3.7}$$

결국 지연시간 T_K는 변형률이 초기치 ϵ_0의 e분에 1이 될 때까지의 시간을 의미한다.

한편 Voigt 점탄성체에는 일정량의 변형을 일시에 작용시킬 수 없기 때문에 이 모델에서는 응력완화현상을 다룰 수가 없다.

3.3 액체적 점탄성

1868년 Maxwell은 탄성응력의 소멸 또는 완화현상을 설명하기 위하여 별도의 방법을 제안하였다. 물체가 완전한 Hook 탄성체라면 $\sigma = E\epsilon$의 관계가 성립한다. 즉, 응력과 변형률 사이에는 시간이 개입되지 않고 변형률이 일정하면 응력도 언제까지나 변하지 않는다. 따라서 변형률이 시간에 따라 커지면 응력도 식 (3.8)과 같이 증가한다.

$$\frac{d\sigma}{dt} = E\frac{d\epsilon}{dt} \qquad (3.8)$$

그러나 응력완화현상을 가지는 물체라면 발생한 응력은 시간에 따라 점점 감소하며, 속도 $d\sigma/dt$는 그때의 응력의 크기와 물체의 특성에 영향을 받을 것이다. 여기에 Maxwell은 속도 $d\sigma/dt$가 응력의 크기에 비례하여 감소될 것이라 생각하고 응력의 증가를 나타내는 방정식을 식 (3.9)와 같이 표시하였다.

$$\frac{d\sigma}{dt} = E\frac{d\epsilon}{dt} - \frac{\sigma}{T_M} \qquad (3.9)$$

여기서 T_M은 시간 차원을 가지는 계수로 완화시간(relaxation time)이라 한다. 이 식을 $d\epsilon/dt$로 정리하면 식 (3.10)이 얻어진다.

$$\frac{d\epsilon}{dt} = \frac{1}{E}\frac{d\epsilon}{dt} + \frac{\sigma}{ET_M} \qquad (3.10)$$

즉, 변형률속도 $d\epsilon/dt$는 두 개 부분으로 성립되어 있음을 알 수 있다. 제1항은 완전탄성체에 의한 Hooke적인 응력의 항이며 제2항은 변형률속도가 응력에 비례하기 때문에 Newton적 유동을 나타낸다. 이와 같은 의미에서 Maxwell의 이론도 점탄성을 나타내고 있으며 앞의 식 (3.10)을 Maxwell의 기본방정식이라 부른다.

3.3.1 응력완화현상

변형률 ϵ이 일정하므로 식 (3.2)로부터 $d\epsilon/dt = 0$이 되어 식 (3.11)이 얻어진다.

$$\frac{d\sigma}{dt} = -\frac{\sigma}{T_M} \tag{3.11}$$

이 식을 적분하면 식 (3.12)가 얻어진다.

$$\ln\sigma - \ln\sigma_0 = -\frac{t}{T_M} \tag{3.12}$$

여기서, σ_0는 초기응력이다. 즉, $t=0$인 경우의 응력이므로 $E\epsilon$에 해당한다. 따라서 식 (3.12)를 정리하면 식 (3.13)이 된다.

$$\sigma = \sigma_0 e^{-\frac{t}{T_M}} = E\epsilon e^{-\frac{t}{T_M}} \tag{3,13}$$

여기서 변형률 ϵ은 일정하며 σ_0는 초기응력의 크기이므로 식 (3.13)은 응력완화를 나타내고 있다. 또한 응력은 시간에 대하여 지수함수적으로 감소하며 무한시간 뒤에는 없어져버리므로 액체적 점탄성의 거동을 나타내는 식이라 할 수 있다. 이 현상을 그림으로 표시하면 그림 3.2와 같다.

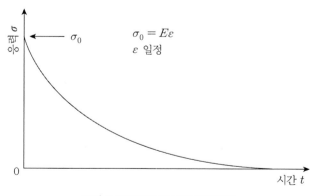

그림 3.2 액체적 점성의 응력완화

식 (3.13) 중 t/T_M은 무차원량이므로 t가 T_M에 도달하면 식 (3.13)은 (3.14)와 같아진다.

$$\sigma = \sigma_0 e^{-1} \tag{3.14}$$

즉, 응력은 초기응력 σ_0의 e분에 1이 된다. 결국 완화시간 T_M은 일정 변형하에서 발생되는 응력이 초기치의 $1/e$배로 감소할 때까지의 시간을 의미한다.

3.3.2 점성유동현상

응력 σ가 일정하므로 식 (3.9)는 (3.15)와 같아진다.

$$\sigma = E T_M \frac{d\epsilon}{dt} \tag{3.15}$$

이 식은 응력과 변형률속도의 관계식이므로 Newton의 점성유동식이 된다. 여기서 응력 σ와 변형률속도 $d\epsilon/dt$ 사이의 비례계수로서 점성률 η를 사용하므로 식 (3.16)과 같이 놓을 수 있다.

$$E T_M = \eta \tag{3.16}$$

식 (3.16)은 탄성계수와 점성계수를 관련지우는 식으로 Maxwell의 관계식이라고도 부른다. 이 관계를 이용하여 식 (3.10)을 다시 정리하면 식 (3.17)이 된다.

$$\frac{d\epsilon}{dt} = \frac{1}{E}\frac{d\epsilon}{dt} + \frac{\sigma}{\eta} \tag{3.17}$$

이 식도 Maxwell의 기본방정식으로 불린다.

3.3.3 급격한 변형(단시간 관측)

이 경우는 기본방정식 (3.9)에서 σ/T_M을 $d\epsilon/dt$에 비하여 생략할 수 있을 것이다. 또한 $\epsilon = 0$일 때 $\sigma = 0$의 조건에서 적분하면 $\sigma = E\epsilon$이 되어 Hooke의 법칙이 얻어지므로 물체는 완전탄성체와 같이 나타난다.

3.3.4 완만한 변형(장시간 관측)

식 (3.9)에서 σ/T_M에 비하여 $d\epsilon/dt$는 무시할 정도이므로 식 (3.15)와 동일한 Newton 유동의 식이 얻어진다. 결국 Maxwell의 기본방정식을 따르는 물체는 충분히 완만한 변형에 대하여 액체와 같은 현상을 나타냄을 알 수 있다.

3.3.5 변형속도가 일정한 경우

$d\epsilon/dt = c$이므로 식 (3.9)를 다시 쓰면 식 (3.18)과 같이 되어

$$\frac{d\sigma}{dt} + \frac{\sigma}{T_M} = cE \tag{3.18}$$

1계선형미분방정식이 되므로 이 해는 식 (3.19)와 같다.

$$\sigma = e^{-\frac{t}{T_M}}\left(\sigma_0 + cE\int_0^t e^{-\frac{t}{T_M}}dt\right) \tag{3.19}$$

식 (3.19)를 다시 정리하면

$$\sigma = cET_M + (\sigma_0 - cET_M)e^{-\frac{t}{T_M}} \tag{3.20}$$

식 (3.9)를 이용하여 식 (3.20)을 정리하면

$$\sigma = c\eta + (\sigma_0 - c\eta)e^{-\frac{t}{T_M}} \tag{3.21}$$

일정한 변형률속도 c의 크기에 따라 응력 σ가 어떤 경로를 나타내는가를 조사해보면 그림 3.3과 같다.

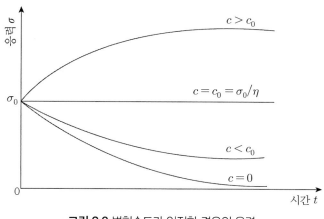

그림 3.3 변형속도가 일정한 경우의 응력

우선 σ_0/η가 되는 변형률속도를 c_0라 하고 속도 c가 c_0와 같은 일정속도로 변형하면 식 (3.14)는 $\sigma = \sigma_0$가 되어 응력도 불변한다. 그러나 $c > c_0$가 되는 속도에서는 응력은 점차 증대하고 $c < c_0$가 되는 속도에서는 응력은 감소한다. 또한 $c = 0$인 변형률속도 불변의 조건에서는 응력완화의 거동을 보여 무한시간 후에 응력은 0에 도달하게 된다.

이상 3.3.1절부터 3.3.5절에서 여러 가지 경우에 대하여 설명하였으나 결국 물체가 고체와 같은 거동을 나타낼지 액체와 같은 거동을 나타낼지는 물체 자신에 결정되는 것이 아니고 물체의 완화시간과 관측시간의 상대적 관계에 의한 것이다. 위에서 설명한 점탄성을 Maxwell 점탄성, 직렬점탄성 등으로 부른다. 그러나 이 이론에서는 응력완화현상을 잘 설명할 수 있으나 크리프와 같은 현상은 잘 설명되지 않는다.

3.4 기억현상

3.4.1 기억

그림 3.4(a)와 같이 물체를 −방향으로 a만큼(A점까지) 비틀림을 작용시키고 그대로 상당히

긴 시간 t_1까지 유지시킨 후 B점에 도달하여 반대 방향으로 0점을 넘어 +b만큼 비틀림을 작용시킨 후 외력을 제거시켰다. 보통 물체라면 CP(점선)의 경로로 회복을 하여 완전탄성체이면 CQ의 경로를 따라 순간적으로 원래 상태로 회복할 것이다. 그러나 어떤 종류의 물체는 그림 3.4(a)에서 보는 바와 같이 0점을 넘어서 −방향으로 다소 변형하였다가 0 변형의 위치로 돌아온다. 이 현상은 긴 시간 동안 −방향으로 비틀려져 있었던 것을 기억하고 있기 때문에 일어나는 현상이다.

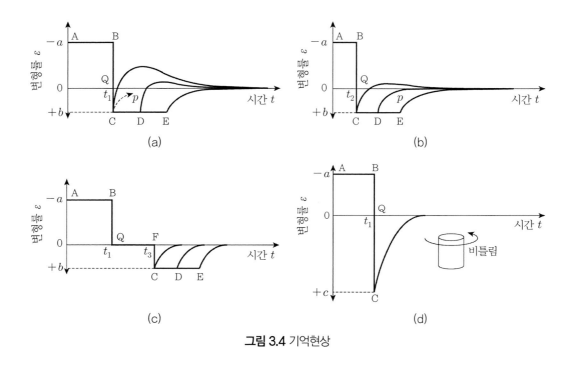

그림 3.4 기억현상

C점에서 외력을 제거시키지 않고 D점까지 지속시킨 후 외력을 제거시키면 역시 일단 −방향으로 갔다가 0점에 복귀한다. 그러나 −방향으로 가는 정도는 앞의 경우에 비하여 훨씬 적어진다. C와 D점 사이에서 얼마간의 기억이 사라진 것 같다.

C점에서 더욱 긴 시간 동안(E점까지) 지속시킨 후 외력을 제거하면 보통 경우와 같이 회복을 한다. 따라서 A와 B 사이의 비틀림 기억을 C와 E 사이에 완전히 잊어버린 것이다.

그림 3.4(b)의 경우는 그림 3.4(a) 경우보다 훨씬 짧은 t_2시간 동안 비틀림을 작용시키고 반대로 +방향에 b까지 비틀림을 가한 후 외력을 제거시킨 결과이다. 이번에는 C점에서 곧

외력을 제거시켜도 기억은 거의 잊어버린 듯하며 D 및 E점까지 방치한 후 제거시키면 당연한 듯이 0으로 돌아간다.

이와 같이 물체의 역학적 거동이 이전에 받은 역학적 이력의 영향을 받는 현상을 기억현상(memory)이라 한다.

다음은 그림 3.4(c)의 경우로, A점에서 B점까지 큰 변형을 가한 체 방치하였어도 그 후 변형을 0의 상태에서 t_3시간 동안 지속시킨 후 +방향으로 b만큼 비틀림을 가하고 외력을 제거시키면 역시 물체는 기억을 잊어버린 듯하다.

또한 그림 3.4(d)와 같이 A, B 간에 큰 변형을 가하였어도 +방향으로 지금까지의 a보다 훨씬 큰 변형 c을 가한 후 외력을 제거시키면 기억은 잠재의식으로 되어버리고 표면에는 나타나지 않는다.

결국 기억현상을 지배하는 인자는 세 가지인 듯하다. 즉, 첫 번째는 처음 가한 변형의 크기이고, 두 번째는 그 상태의 지속시간이며, 세 번째는 이전에 변형을 받은 시간에서 다음 변형을 받은 때까지의 경과한 시간이다.

3.4.2 Boltzmann의 기본방정식

(1) 기본방정식

Boltzmann은 기억현상을 표현할 수 있는 일반론을 다음과 같은 가정 아래 정립하였다. 변형률과 응력의 관계는 그 물체가 이전에 변형을 받았는가 안 받았는가에 따라 다르고 동일 방향에 두 번 변형을 받을 경우, 두 번째 변형에 의한 응력의 감소는 ① 이전에 받은 변형률의 크기와 ② 계속된 시간에 비례하고 ③ 이전에 변형을 받을 때부터 두 번째 변형을 받을 때까지 경과된 시간이 짧을수록 크다. 단, ③항은 역비례 관계라고 할 정도로 간단하지만은 않다.

물체가 이전에 여러 번 변형을 받은 이력이 있는 경우에는 이들 변형의 영향은 각각 서로 독립적으로 작용한다고 생각하여 중첩원리(superposition principle)를 적용한다.

이상의 가정으로 Boltzmann 식이 유도된다. 임의의 시각 t_0에서 Δt_0만큼의 시간 동안 변형률 $\epsilon(t_0)$가 주어지고 그 후 시각 t에서의 응력 $\sigma(t)$와 변형률 $\epsilon(t)$는 상기의 가정에 의하여 식 (3.22)로 표시될 수 있다.

$$\sigma(t) = E\epsilon(t) - f(t - t_0)\epsilon(t_0)\Delta t_0 \tag{3.22}$$

여기서 $f(t - t_0)$는 $(t - t_0)$의 단조감소함수로 앞의 가정 ③을 나타내는 정의 함수이며, $\epsilon(t_0)$는 가정 ①에 의하여 도입되었으며 Δt_0는 가정 ②에 의하여 도입된 것이다. 그리고 f는 여효함수(after-effect function) 혹은 기억함수(memory function)라 한다.

다음에는 시각 t_i에서 변형률 $\epsilon(t_i)$를 시간 Δt_i 사이에 받았고 시각 t에 이르기까지 수차례에 걸쳐 변형 $\epsilon(t_1)$, $\epsilon(t_2)$, …을 받은 경우를 생각하면 중첩원리에 의하여 식 (3.22)는 식 (3.23)으로 된다.

$$\sigma(t) = E\epsilon(t) - \sum_i f(t - t_i)\epsilon(t_i)\Delta t_i \tag{3.23}$$

만약 물체가 $t_0 = 0$에서 t까지 연속적으로 변형 $\epsilon(t_0)$을 받는 경우는 식 (3.24)가 성립된다.

$$\sigma(t) = E\epsilon(t) - \int_0^t f(t - t_0)\epsilon(t_0)dt_0 \tag{3.24}$$

이것을 Boltzmann의 기본방정식이라 한다. 이 식으로 표현할 수 있는 몇몇 현상을 설명하면 다음과 같다.

(2) 응력완화현상

변형률을 일정하게 유지하는 경우 $t \geq 0$에서 $\epsilon(t) = \epsilon(t_0) = \epsilon_0$이므로 식 (3.24)는 (3.25)와 같이 쓸 수 있다.

$$\sigma(t) = \left\{ E - \int_0^t f(t - t_0)dt \right\}\epsilon_0 \tag{3.25}$$

$(t - t_0)$를 w라 하면 식 (3.25)는 (3.26)이 된다.

$$\sigma(t) = \left\{ E - \int_0^t f(w)dw \right\} \epsilon_0 \tag{3.26}$$

또한 $E(t)$를 식 (3.27)과 같이 정하면 식 (3.26)은 (3.28)과 같이 된다.

$$E(t) = E - \int_0^t f(w)dw \tag{3.27}$$

$$\sigma(t) = E(t)\epsilon_0 \tag{3.28}$$

즉, 응력은 시간에 따라 변하며 $E(t)$는 시간에 따라 변하는 확장된 탄성계수이며 식 (3.28)은 확장된 Hooke의 법칙이라 할 수 있다.

여기서 $\int_0^\infty f(w)dw$를 식 (3.29)와 같이 E_1이라 하고 E를 $(E_0 + E_1)$이라 하면 식 (3.27)은 (3.30)으로 쓸 수 있다.

$$E_1 = \int_0^\infty f(w)dw \tag{3.29}$$

$$E(t) = E_0 + E_1 - \int_0^t f(w)dw = E_0 + \int_t^\infty f(w)dw \tag{3.30}$$

이 식으로 알 수 있는 바와 같이 $t = 0$의 경우에는 $E(0) = E = E_0 + E_1$이 되나 시간이 지나면서 $E(t)$는 단조롭게 감소하여 $t \rightarrow \infty$에서 $E(\infty) = E_0$가 된다.

한편 변형이 매우 빠르게 작용된 경우는 식 (3.25)에 $t = 0$을 대입하여 정리하면 $\sigma(t) = E\epsilon_0$이 되어 Hooke의 법칙이 성립한다. 이 경우의 탄성계수 E는 $(E_0 + E_1)$이 된다. 즉, E는 매우 빠른 변형에 대한 탄성계수 혹은 변형 직후에 나타나는 탄성계수이며 순간탄성계수(instantaneous modulus)라 부른다.

이에 반하여 변형을 매우 느리게 작용시킨 경우는 식 (3.30)으로부터 $E(t)$는 E_0가 된다. 이 E_0를 정적 탄력성계수(static modulus) 혹은 잔류탄성계수(residual modulus)라 한다.

또한 식 (3.30) 중 $\int_t^\infty f(w)dw$를 $E_r(t)$라 놓으면 식 (3.31)을 얻을 수 있다.

$$E_r(t) = \int_t^\infty f(w)dw = E_0 - \int_0^t f(w)dw \tag{3.31}$$

여기서 $E_r(t)$를 완화탄성계수(relaxation modulus)라 한다.

식 (3.30)과 (3.31)의 관계를 이용하면 식 (3.28)이 (3.32)로 정리될 수 있다.

$$\sigma(t) = (E_0 + E_r(t))\epsilon_0 = \sigma_0 + \sigma_1(t) \tag{3.32}$$

즉, 이 식은 응력이 Hooke의 법칙에 따르는 일정치 $\sigma_0(=E_0\epsilon_0)$와 완화하여 없어지는 $\sigma_1(t)$의 두 부분으로 구성되어 있음을 나타내고 있다. $\sigma_0 = 0$의 경우에는 $\sigma_1(t)$만 남아 응력이 시간과 함께 완전히 소멸되는 순수한 응력완화로 된다. 더욱이 식 (3.33)의 관계를 도입하면 식 (3.31)의 $E_r(t)$는 식 (3.34)로 된다.

$$\phi(t) = \frac{1}{E_1}\int_0^t f(w)dw \tag{3.33}$$

$$E_r(t) = E_1(1 - \phi(t)) \tag{3.34}$$

따라서 식 (3.32)는 (3.35)로 정리할 수 있다.

$$\sigma(t) = (E - E_1\phi(t))\epsilon_0 \tag{3.35}$$

여기서 E는 $(E_0 + E_1)$이다. 함수 $\phi(t)$는 식 (3.26)과 (3.35)를 등치시키면 $t=0$에서 $\phi(0)=0$이 됨을 알 수 있다. 또한 $t \rightarrow \infty$에서는 식 (3.29)와 (3.33)으로부터 $\phi(\infty)=1$을 얻을 수 있다. 따라서 $\phi(t)$는 $t=0$에서 0이고 $t=\infty$에서 1이 되는 완화함수(relaxation function)이다.

(3) 유동현상

변형속도를 일정하게 유지시키는 경우 $t \geq 0$에 대하여 $d\epsilon/dt = c$이므로 $\epsilon(t)$는 식 (3.36)과 같다.

$$\epsilon(t) = ct = \frac{d\epsilon}{dt}t \tag{3.36}$$

이것을 기본방정식 (3.24)에 대입하면 $\epsilon(t_0) = ct_0$이므로 식 (3.37)이 얻어진다.

$$\sigma(t) = Et - \int_0^t f(t-t_0)t_0 dt \frac{d\epsilon}{dt} \tag{3.37}$$

여기서 $\eta(t)$를 식 (3.38)과 같이 정하면 식 (3.39)가 구해진다.

$$\eta(t) = Et - \int_0^t f(t-t_0)t_0 dt_0 \tag{3.38}$$

$$\sigma(t) = \eta(t)\frac{d\epsilon}{dt} \tag{3.39}$$

식 (3.39)는 확장된 Newton의 점성법칙이다. 단 확장점성계수 $\eta(t)$는 시간에 따라 변화한다.

(4) 특별한 형태의 여효함수

Boltzmann의 기본방정식 (3.24) 중 여효함수 $f(t-t_0)$는 $(t-t_0)$의 감소함수이지만, 그 함수의 구체적 형태에 대해서는 지금까지 설명이 없었다.

여기서 그 일례로 식 (3.40)을 생각하면

$$f(t-t_0) = \frac{E}{T_M}e^{-\frac{(t-t_0)}{T_M}} \tag{3.40}$$

식 (3.24)에서 다음 과정을 얻을 수 있다.

$$\frac{d\sigma}{dt} = E\frac{d\epsilon}{dt} - \frac{d}{dt}\int_0^t f(t - t_0)\epsilon(t_0)dt_0 \tag{3.41}$$

$$= E\frac{d\epsilon}{dt} - f(0)\epsilon(t) - \int_0^t \frac{\partial}{\partial t}f(t - t_0)\epsilon(t_0)dt_0$$

$$= E\frac{d\epsilon}{dt} - \frac{E}{T_M}\epsilon(t) + \frac{1}{T_M}\int_0^t f(t - t_0)\epsilon(t_0)dt_0$$

$$= E\frac{d\epsilon}{dt} - \frac{\sigma}{T_M}$$

이 식은 식 (3.9)의 Maxell 점탄성의 기본방정식이다. 결국 Maxwell 기본방정식은 Boltzmann 기본방정식의 특별한 경우임을 알 수 있다.

(5) 크리프 변형

식 (3.24)를 유도하였을 때와 같이 이번에는 응력에 대하여 중첩원리를 적용하고 응력의 여효함수 $g(t)$를 사용하면 식 (3.42)가 성립할 것이다.

$$\epsilon(t) = \frac{1}{E}\sigma(t) - \int_0^t g(t - t_0)\sigma(t_0)dt_0 \tag{3.42}$$

이 식도 Boltzmann의 기본방정식이라 한다. 크리프의 경우는 $t = 0$에서 일정응력 σ_0가 주어지기 때문에 $\epsilon(t)$는 식 (3.43)으로 주어진다.

$$\epsilon(t) = J(t)\sigma_0 \tag{3.43}$$

여기서 $J(t)$는 탄성계수의 역수에 상당하며 특히 탄성 compliance라고 불리는 경우가 있다. 또한 이는 두 개의 항으로 구성되어 있다. 즉, 하나는 순간탄성에 상당하는 시간에 관계없이 일정한 J이며 다른 하나는 시간과 함께 단조롭게 증가하는 compliance $J_c(t)$이다. 여기서 $J_c(0)$은 0이므로 $J_c(\infty)$를 J_1이라 하면 $J_1 + J = J_0$가 무한시간 후의 compliance가 된다. 따라서 $\epsilon(t)$는 식 (3.44)와 같다.

$$\epsilon(t) = (J + J_c(t))\sigma_0 = (J + J_1\psi(t))\sigma_0 \tag{3.44}$$

여기서 $\psi(t)$는 $t = 0$에서 0이 되고 $t \rightarrow \infty$에서 1이 되는 단조증가함수이다. 이 $\psi(t)$를 크리프 함수 혹은 지연탄성함수라 한다.

(6) 일반적 응력 – 변형률 관계

응력 $\sigma(t)$가 $-\infty$에서 t시간 사이에 연속적으로 변화하여 작용하였을 경우, 시각 t에서의 변형 $\epsilon(t)$는 어떻게 될 것인가를 생각하자.

t시각 이전의 시각 $t_0(< t)$와 $(t_0 + dt_0)$ 사이에 응력 $\sigma(t_0)$가 작용하여 시각 t에서 생긴 변형 $\epsilon(t)$는 중첩원리에 의하여 구할 수 있다. 즉, 시각 t_0에서 t 사이에 응력 $+\sigma(t_0)$를 작용시켜 발생한 변형 $\epsilon_1(t)$와 시각 $(t_0 + dt_0)$에서 t 사이에 응력 $-\sigma(t_0)$를 작용시켜 발생한 변형 $\epsilon_2(t)$의 합으로 변형 $\epsilon(t)$를 구할 수 있다. 여기서 $\epsilon_1(t)$와 $\epsilon_2(t)$는 식 (3.44)에 의거하여 다음과 같이 표시된다.

$$\epsilon_1(t) = \sigma(t_0)(J + J_1\psi(t - t_0)) \tag{3.45}$$

$$\epsilon_2(t) = -\sigma(t_0)(J + J_1\psi(t - t_0 - dt_0)) \tag{3.46}$$

$$= -\sigma(t_0)\left(J + J_1\psi(t - t_0) - J_1\left(\frac{d\psi}{dt}\right)_{(t - t_0)}dt_0\right)$$

식 (3.45)와 (3.46)을 합하여 $\epsilon(t)$를 식 (3.47)과 같이 구한다.

$$\epsilon(t) = \sigma(t_0)J_1\left(\frac{d\psi}{dt}\right)_{(t - t_0)}dt_0 \tag{3.47}$$

이 관계를 시간($-\infty$에서 t) 사이에 관하여 전부 합한 값에 시각 t에서의 순간탄성변형률 $J \cdot \sigma(t)$를 더하면 $\epsilon(t)$가 식 (3.48)과 같아진다.

$$\epsilon(t) = J + \sigma(t) + J_1\int_{-\infty}^{t}\sigma(t_0)\left(\frac{d\psi}{dt}\right)_{(t - t_0)}dt_0 \tag{3.48}$$

한편 시각 t_0와 $(t_0 + dt_0)$ 사이에 변형 $\epsilon(t_0)$가 발생한 경우, 이 시간 사이의 응력을 응력완화의 식 (3.35)로부터 구할 수 있다. 즉, 변형률의 경우와 동일하게 응력 $\sigma_1(t)$와 $\sigma_2(t)$는 식 (3.49)와 (3.50)으로 각각 구할 수 있다.

$$\sigma_1(t) = \epsilon(t_0)(E - E_1\phi(t - t_0)) \tag{3.49}$$

$$\sigma_2(t) = -\epsilon(t_0)(E - E_1\phi(t - t_0 - dt_0)) \tag{3.50}$$

$$= -\epsilon(t_0)\left(E - E_1\phi(t - t_0) - E_1\left(\frac{d\phi}{dt}\right)_{(t-t_0)}dt_0\right)$$

따라서 응력 $\sigma(t)$는 상기 두 식을 합하여 식 (3.51)로 된다.

$$\sigma(t) = -\epsilon(t_0)E_1\left(\frac{d\phi}{dt}\right)_{(t-t_0)}dt_0 \tag{3.51}$$

중첩원리와 순간탄성 성분을 고려하면 시각 t에서의 응력 $\sigma(t)$는 식 (3.52)와 같다.

$$\sigma(t) = E\epsilon(t) - E_1\int_{-\infty}^{t}\epsilon(t_0)\left(\frac{d\phi}{dt}\right)_{(t-t_0)}dt_0 \tag{3.52}$$

식 (3.48) 및 (3.52)로 표시된 응력 $\sigma(t)$와 변형률 $\epsilon(t)$는 동일한 함수로 주어지는 것이므로 결국 동일한 식이라고 할 수 있다. 따라서 여기에 포함된 완화함수 ϕ와 크리프 함수 ψ 사이에는 일정한 관계가 있다. 그러나 위와 같이 구한 응력과 변형률 사이의 관계는 선형성과 중첩원리의 적용이 가능한 범위에서만 성립하며 모든 응력과 변형률 사이의 관계를 표시할 수는 없다.

이상과 같이 Boltzmann의 이론에서는 그 기억함수의 형태를 꼭 명확히 결정하고 있지는 않으나 그 형태를 구체적으로 제시하고 있음으로 인하여 여러 점탄성 현상을 적어도 현상론적으로는 정밀하게 설명·기술할 수 있다.

| 참고문헌 |

1) 이종규·정인준(1981), '점토의 Creep 거동에 관한 유변학적 연구', 대한토목학회논문집, 제1권, 제1호, pp.53-68.

2) 홍원표(1981), '토질공학 분야에서 Rheology의 연구 동향', 대한토목학회지, 제29호, 제4호, pp. 8-13.

3) 홍원표(1983), '점탄성해석의 기본 개념', 대한토목학회지, 제30권, 제5호, pp.25-28.

4) 홍원표(1987), '점탄성 현상의 해석', 대한토목학회지, 제35권, 제4호, pp.33-40.

점탄성의 역학적 모델

점탄성의 역학적 모델

4.1 서 론

제2장과 제3장에서 점탄성해석의 기본 개념과 해석방법을 설명하였다.[1,2] 특히 제3장에서는 고체적 점탄성론 및 액체적 점탄성론의 특성에 맞는 기본방정식을 검토하여 크리프, 응력완화, 점성유동 등을 설명하였다. 또한 물체의 기억현상에 대해서도 Boltzmann의 기본방정식을 통하여 검토하였다.

제4장에서는 스프링, 대시포트 및 슬라이더(slider) 요소들로 구성된 각종 레오로지 모델을 사용하여 점탄성의 각종 거동에 대하여 면밀히 검토해보고자 한다.

4.2 2요소 모델

점탄성체의 역학적 거동을 표현할 수 있는 가장 간단한 모델로는 탄성의 스프링과 점성의 대시포트를 직렬 혹은 병렬로 연결한 Maxwell 모델이나 Voigt 모델을 들 수 있다. 제4장에서는 우선 이들 두 모델의 특성을 설명하고자 한다. 이들 역학적 모델은 물질의 역학적 특성을 나타내는 미분방정식을 도시한 것이다. 따라서 점탄성을 나타내는 역학적 성질은 이들 모델로 표현할 수 있을 것이다. 그러나 이것은 어디까지나 현상론적인 모델임을 사전에 밝혀두고자 한다. 왜냐 하면 역학적 모델 중의 스프링과 대시포트는 엄밀하게 말하여 물질 구조와는 무관계한 것이기 때문이다.

만약 물성론적 고찰에 의하여 점탄성체를 해석하고자 한다면 Mitchell(1976)에 의하여 연구

되고 있는 미시적 레오로지(Micro-Rheology) 이론을 참고해야 할 것이다.[3,4]

4.2.1 Maxwell 모델

Maxwell의 기본방정식 (4.1)에서 보는 바와 같이 변형속도는 탄성변형에 의한 부분과 점성유동에 의한 부분의 합이다.

$$\frac{d\epsilon}{dt} = \frac{1}{E}\frac{d\sigma}{dt} + \frac{\sigma}{\eta} \tag{4.1}$$

다시 말하면 지금 어떤 순간($t \rightarrow 0$)에서 일정한 응력 σ_0을 가하면 물체의 변형은 식 (4.2)와 같이 탄성변형과 점성유동의 합으로 표시된다.

$$\epsilon = \frac{\sigma_0}{E} + \frac{\sigma_0}{\eta}t \tag{4.2}$$

모델 요소로 설명하면 전체의 변위는 그림 4.1(a)에 표시된 두 개의 요소 스프링과 대시포트의 변위의 합으로 표현된다. 즉, 그림 4.1(a)과 같이 두 개의 변형요소가 직렬로 결합된 상태이며 이것을 Maxwell 모델이라 한다.

(1) 유동현상

일정한 응력을 가한 경우의 유동현상을 Maxwell 모델로 표시하면 그림 4.1과 같다. 즉, 지금 시각 $t=0$에서 일정한 응력 σ_0을 가하여 그대로 지속시킨 후 t_1시각에서 일시에 힘을 제거시켰다고 하자. 이때 시간에 따른 응력과 변형률 거동은 그림 4.1(b)와 (c)로 각각 나타낼 수 있다. 시각 0에서는 응력 σ_0가 갑자기 가해지므로 대시포트는 움직일 여유가 없고 스프링만 변형하여 Hooke 법칙에 따르는 σ_0/E만큼의 순간변형만 나타난다. 그런 직후부터 대시포트 양단의 신장이 시작된다. 점성유동의 항은 일정 응력에서 시간에 비례하여 증가하게 된다. 따라서 t_1시각에서의 전변형 ϵ_1은 식 (4.2) 및 그림 4.1(c)로부터 다음과 같이 된다.

$$\epsilon_1 = \frac{\sigma_0}{E} + \frac{\sigma_0}{\eta}t_1 \tag{4.3}$$

시각 t_1에서 응력을 전부 제거시키면 스프링은 곧 수축되고 모델의 양단은 처음의 신장량과 같은 σ_0/E만큼 줄어든다. 그러나 대시포트의 피스톤이 움직인 양인 식 (4.4)만큼은 영구히 복구되지 못하고 늘어난 상태로 남아 있게 된다.

$$\epsilon_1 = \frac{\sigma_0}{\eta}t_1 \tag{4.4}$$

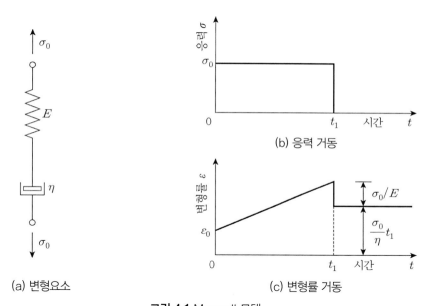

(a) 변형요소

(b) 응력 거동

(c) 변형률 거동

그림 4.1 Maxwell 모델

(2) 응력완화현상

Maxwell 점탄성의 큰 특징은 응력완화를 표시할 수 있는 점에 있다. 그림 4.2(a) 및 (b)에 표시한 바와 같이, 0시각에서 t_1시각 사이에 변형률 ϵ_0을 가했다면 그때의 응력완화는 식 (4.5)로 표시할 수 있다.

$$\sigma = E\epsilon_0 e^{-\frac{T}{T_M}} \tag{4.5}$$

즉, 그림 4.2(c)에 도시한 바와 같이 응력은 초기에 $E\epsilon_0$ 이나 시간과 함께 지수함수적으로 감소되어 t_1 시각에서는 $\sigma_1 (= E\epsilon_0 e^{-t_1/T_M})$이 된다. 만약 $t \to \infty$이면 그림 4.2(c) 중 점선으로 표시된 바와 같이 $\sigma_1 \to 0$이 된다.

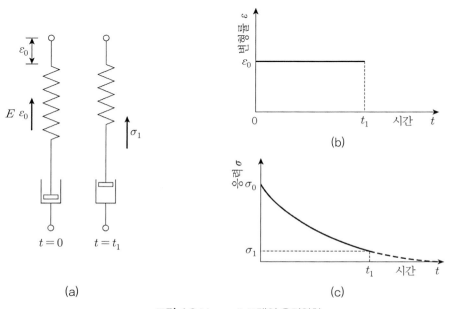

그림 4.2 Maxwell 모델의 응력완화

4.2.2 Voigt 모델

Voigt 점탄성의 기본방정식은 식 (4.6)과 같으며 외력 σ에 평형을 이루는 항은 제1항의 탄성력 σ_1과 제2항의 점성력 σ_2의 합으로 되어 있다.

$$\sigma = E\epsilon + \eta \frac{d\epsilon}{dt} \tag{4.6}$$

따라서 σ_1으로부터 식 (4.7)을, σ_2로부터 식 (4.8)을 얻을 수 있다.

$$\frac{d\epsilon}{dt} = \frac{1}{E}\frac{d\sigma_1}{dt} \tag{4.7}$$

$$\frac{d\epsilon}{dt} = \frac{\sigma_2}{\eta} \tag{4.8}$$

여기서 탄성기구와 점성기구의 변형속도가 같고, 각 기구가 분담하는 응력의 합이 외력과 같은 현상을 표시하는 모델을 생각하면 그림 4.3(a)와 같이 스프링과 대시포트를 병렬로 결합시켜야 한다. 이 모델을 Voigt 모델이라 부른다.

(1) 크리프 변형

그림 4.3(b)에 도시한 바와 같이 0시각에서 응력 σ_0를 가하여 t_1 시각까지 그대로 지속시킨 후 t_1 시각에서 급히 제거시켜 크리프 거동을 알아본다. 이 경우 변형률과 시간의 관계는 그림 4.3(c)와 같이 도시된다.

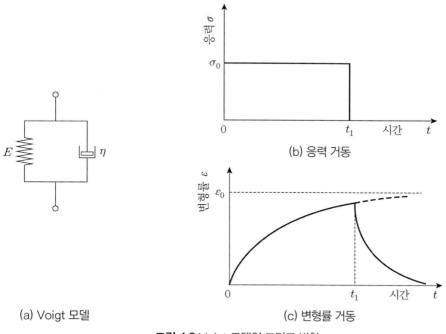

(a) Voigt 모델

(b) 응력 거동

(c) 변형률 거동

그림 4.3 Voigt 모델의 크리프 변형

즉, $t=0$의 순간부터 점성유동이 시작되어 $d\epsilon/dt = \sigma_0/\eta$의 속도로 진행하려 한다. 그러나 병렬로 연결된 스프링이 동시에 늘어나지 않으면 안 된다. 그러므로 응력 σ_0의 일부는 스프링이 부담하고 피스톤에 걸리는 응력은 감소하여 σ_2가 된다. 결국 이 응력의 감소는 피스톤의 속도 $d\epsilon/dt$도 감소시킨다. 만약 σ_0가 무한시간 동안 작용하면 $t \to \infty$에서 변형률 ϵ은 σ_0/E에 도달하여 전응력 σ_0가 전부 스프링에 의하여 부담된다. 스프링이 σ_0에 대응하는 탄성평형에 도달하여 피스톤에는 더 이상 응력이 걸리지 않고 피스톤의 움직임이 멈춘다. 즉, 변형률 ϵ은 최종변형($=\sigma_0/E$)에 점진적으로 도달하게 된다.

임의의 시각 t_1에서의 변형은 다음 식으로 표시된다.

$$\epsilon = \frac{\sigma_0}{E}\left(1 - e^{-\frac{E}{\eta}t_1}\right) \tag{4.9}$$

또한 ϵ_0 변형을 발생시킨 응력 σ_0를 제거하면 변형률 ϵ은 다음과 같이 표시된다.

$$\epsilon = \epsilon_0 e^{-\frac{E}{\eta}t} \tag{4.10}$$

이 식에서 보는 바와 같이 변형은 지수함수적으로 감소하여 무한시간 후에는 변형은 전혀 남지 않는다. 이 거동을 Voigt 모델로 설명하면 응력제거로 인하여 스프링은 늘어난 상태로 있을 수 없으므로 스프링은 줄어들려고 한다. 그러나 대시포트가 스프링과 병렬로 연결되어 있으므로 회복에 시간이 걸리게 된다. 더욱이 제동작용은 모델의 줄어드는 속도에 비례한다. 이 줄어드는 속도는 스프링의 길이에 비례하기 때문에 스프링이 축소함에 따라 속도도 느려져서 결국 변형률은 지수함수적으로 감소된다.

만약 응력 σ_0를 그림 4.3(c)에서 보는 바와 같이 ϵ_0의 변형이 발생하기 이전 시각 t_1에서 제거시켰다면 t_1시각 이후의 거동은 식 (4.11)과 같이 (4.10)의 ϵ_0 대신 식 (4.9)를 대입하여 다음과 같이 표현할 수 있다.

$$\epsilon = \frac{\sigma_0}{E}\left(1 - e^{-\frac{E}{\eta}t_1}\right)e^{-\frac{E}{\eta}(t-t_0)} \tag{4.11}$$

(2) 일정 변형률의 경우

Vogit 모델의 경우에는 일정한 변형률을 가하면 스프링의 길이도 일정하게 되고 응력도 일정하게 된다. 따라서 이 모델로는 응력변화현상을 표현할 수가 없게 된다. 결국 Voigt형 점탄성은 궁극적으로 탄성을 표시하는 것이며 일정한 변형률과 응력 사이에는 평형이 존재하게 된다. 단, 변형하지 않은 상태로부터 일정한 크기의 변형을 순간적으로 가할 수는 없다. 바꾸어 이야기하면 Voigt 모델은 순간탄성을 나타내지 않는다. 변형률이 0에서 일정치에 도달해가는 과정은(응력을 일정하게 한 경우) 4.2.2절에서 설명한 크리프 현상이 된다.

4.3 4요소 모델 및 3요소 모델

실제의 물체가 전부 Maxwell 모델 혹은 Voigt 모델로 표시될 수 있는 것은 아니다. 일반적으로는 Maxwell적인 성질과 Voigt적인 성질이 복잡하게 섞여 있는 경우가 많다. 이 경우에 보통 잘 사용되는 것이 다음에 설명하는 4요소 모델이다.

4.3.1 모델(a)

그림 4.4(a)는 Maxwell 모델과 Voigt 모델을 직렬로 연결시킨 4요소 모델이다. 지금 응력 σ_0가 모델의 양단에 작용하고 있는 크리프를 생각해본다.

시각 0에서 t_1까지의 과정에서 Maxwell 모델은 식 (4.2)로 표시되고 Voigt 모델은 식 (4.9)로 표시되므로 이 두 식을 합하면 식 (4.12)가 얻어진다.

$$\epsilon = \frac{\sigma_0}{E_1} + \frac{\sigma_0}{E_2}\left(1 - e^{-\frac{E_2}{\eta_2}t}\right) + \frac{\sigma_0}{\eta_3}t \tag{4.12}$$

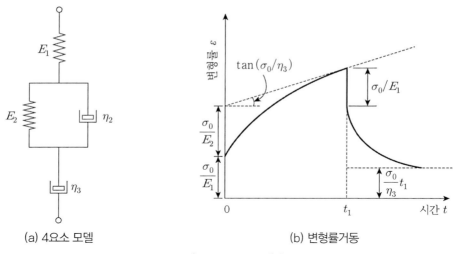

(a) 4요소 모델   (b) 변형률거동

그림 4.4 4요소 모델(a)

한편 t_1 시각에서 σ_0 를 제거하면 크리프 회복현상이 발생한다. 이 과정은 Maxwell 모델의 유동을 나타내는 식 (4.4)와 Voigt 모델의 크리프 회복을 나타내는 식 (4.11)을 합하여 식 (4.13)으로 표현할 수 있다.

$$\epsilon = \frac{\sigma_0}{E_1}\left(1 - e^{-\frac{E_2}{\eta_2}t_1}\right)e^{-\frac{E_2}{\eta_2}(t-t_1)} + \frac{\sigma_0}{\eta_3}t_1 \tag{4.13}$$

그러나 식 (4.13) 중 최후의 항은 시간 $t \to \infty$ 일 때도 영구히 남아 있게 되므로 이 경우는 크리프 회복이 완전히 이루어지지 않는 경우를 나타내고 있다.

만약 η_3 의 대시포트를 제거시킨 경우를 생각하면 그림 4.5(a)와 같이 된다. 이를 3요소 모델이라 한다. 이 경우의 거동은 그림 4.5(b)에서 보는 바와 같이 순간탄성과 크리프 변형이 발생한다. 이때의 크리프는 최종 접근치가 존재하며 크리프 회복도 완전하게 이루어진다.

그림 4.4의 모델에 일정한 변형을 가한 후의 응력완화현상을 살피면 다음과 같다. 즉, 변형률과 최초의 응력은 스프링 E_1 의 신장에 의하여 발생한다. 그 후 대시포트 η_3 의 유동과 Voigt 요소(E_2, η_2)의 변형이 발생하기 때문에 스프링 E_1 의 신장량은 점차 감소하며 응력은 완화되어서 최후에는 0이 되어버린다.

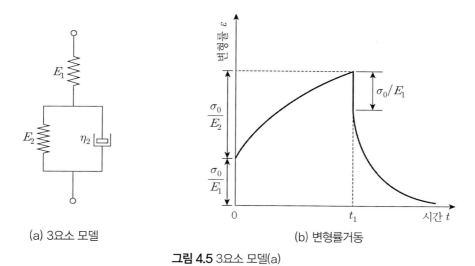

(a) 3요소 모델　　　　　　　　　　(b) 변형률거동

그림 4.5 3요소 모델(a)

4.3.2 모델(b)

그림 4.6(a)는 Maxwell 모델 두 개를 병렬로 연결시킨 4요소 모델이다. 이 모델에 대하여 응력완화를 생각하면 다음과 같다. 즉, 모델의 양단에 순간적으로 ϵ_0의 변형을 가하면 Maxwell 모델의 응력완화 식 (4.5)에 의거하여 다음과 같이 표시된다.

$$\sigma = E_1 \epsilon_0 e^{-\frac{E_1}{\eta_1}t} + E_2 \epsilon_0 e^{--\frac{E_2}{\eta_2}t} \tag{4.14}$$

이 식은 무한시간 후에 그림 4.6(b)에서 보는 바와 같이 응력이 0이 됨을 알 수 있다.

특별한 경우로 η_2가 ∞인 경우에는 첫 번째 완화기구는 완화되지만 식 (4.14)의 우변 제2항은 $E_2 \epsilon_0$인 채로 응력의 일부인 $\sigma_\infty = E_2 \epsilon_0$만큼의 응력이 언제까지나 잔류하게 된다. 이러한 모델도 역시 그림 4.7(a)에서 보는 바와 같이 3요소 모델이라 한다.

다음은 그림 4.6의 모델에 응력 σ_0를 가한 경우를 생각해본다. E_1과 E_2는 응력을 가한 즉시 작동하여 최초신장량은 $\sigma_0/(E_1 + E_2)$로 된다. 그 후는 η_1, η_2의 유동이 시작되어 전체가 늘어난다. 결국 궁극의 신장속도는 $\sigma_0/(\eta_1 + \eta_2)$로 주어진다. 그러나 각각의 스프링의 처음 신장에 의하여 발생한 응력은 그 즉시 그 속도를 주지 않는다. 각각의 스프링이 늘어나거나 줄어들거나 하여 정상유동 상태의 응력에 상당하는 신장을 나타낼 때까지 다소의 시간이 필요하다. 이때의 신장변화가 크리프로 나타나게 된다. 응력을 제거시킨 후에도 역시 어느 정도는 순간적으로 줄어들지만 그 후 다소의 크리프 회복을 나타낸다. η_1 및 η_2의 유동에 의한 변형은 그대로 남는다. 이들 변형의 변화는 앞 절에서 설명한 크리프 및 그의 회복에 상당하는 것이다.

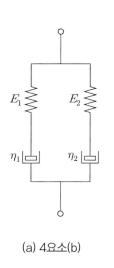

(a) 4요소(b)

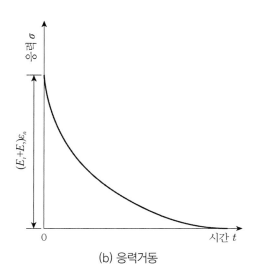

(b) 응력거동

그림 4.6 4요소 모델(b)

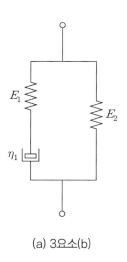

(a) 3요소(b)

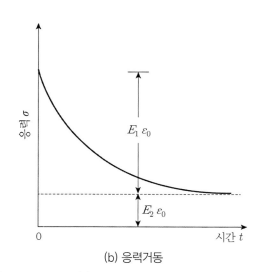

(b) 응력거동

그림 4.7 3요소 모델(b)

이와 같이 4요소 모델을 이용하면 그림 4.4 혹은 그림 4.6 중 어느 쪽에 의하든 크리프와 응력완화의 양쪽을 다 표현할 수 있다. 즉, 현실적으로 관측되는 크리프와 응력완화현상을 두 종류의 다른 모델을 사용하여 나타낼 수가 있다. 물론 모델 요소의 각각 움직임은 각각의 경우에 다르므로 요소의 E와 η는 다르더라도 각각에 대응하는 것이 나타나게 될 것이다.

4.4 소성요소

점탄성을 표시하는 데는 스프링과 대시포트를 이용하면 충분하나 소성을 나타내고자 할 경우에는 이것만으로는 불충분하다. 이러한 소성을 표현하는 요소로는 그림 4.8에 표시하는 바와 같이 고리요소 또는 슬라이더 요소가 이용된다.

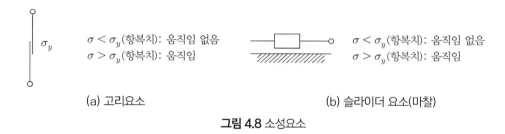

(a) 고리요소

(b) 슬라이더 요소(마찰)

그림 4.8 소성요소

전자는 요소에 작용하는 힘이 한계치(항복치) σ_Y 이하일 때는 고리가 물려서 전혀 움직이지 않으나 σ_Y 이상의 힘이 걸리면 그 힘으로 인하여 자유로이 움직이는 것을 표시한다.

한편 (b)의 슬라이더 요소는 마찰을 표시하며 힘이 한계치 σ_Y에 도달할 때까지는 움직이지 않으나 σ_Y, 즉 마찰력 이상의 힘이 작용하면 움직이는 것을 표시한다.

소성유동인 Bingham 유동을 이 요소를 사용하여 나타내면 그림 4.9와 같다. 즉, 직렬 스프링의 항복치 σ_Y를 넘으면 그림 4.9(a) 및 (b) 양쪽 다 유동이 시작된다. 그러나 이 유동은 Maxwell 모델형의 유동이 아니고 가한 응력의 일부 σ_Y가 소성요소에 의하여 소비되는 것이다. Bingham 유동을 도시하면 그림 4.9(c)와 같이 식 (4.15)로 표시된다.

$$\frac{d\epsilon}{dt} = \frac{1}{\eta}(\sigma - \sigma_Y)$$ (4.15)

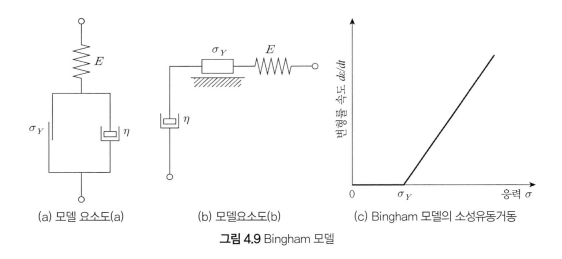

(a) 모델 요소도(a) (b) 모델요소도(b) (c) Bingham 모델의 소성유동거동

그림 4.9 Bingham 모델

4.5 일반 Voigt 모델

그림 4.10과 같이 여러 개의 Voigt 모델을 직렬로 연결시킨 모델을 일반적 Voigt 모델이라 한다. 이 모델은 각각의 Voigt 모델의 변형의 합이 전체 변형이 되는 것을 표시하므로 응력에 관해서는 각 Voigt 요소에 발생하는 응력은 전부 같다. 따라서 k번째의 Voigt 요소의 변형률을 ϵ_k로 하였을 때 일반적 Voigt 모델의 운동방정식은 다음과 같다.

$$\epsilon = \sum_{k=1}^{n} \epsilon_k$$ (4.16)

$$\sigma = E_1 \epsilon_1 + \eta_1 \frac{d\epsilon_1}{dt}$$

$$= E_2 \epsilon_2 + \eta_2 \frac{d\epsilon_2}{dt}$$

$$\cdots\cdots$$

$$= E_k \epsilon_k + \eta_k \frac{d\epsilon_k}{dt} \quad (k = 1, 2, \cdots, n)$$ (4.17)

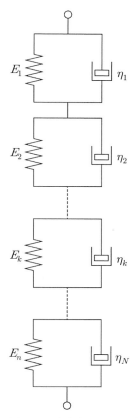

그림 4.10 일반적 Voigt 모델

또한 이 모델의 크리프 식은 식 (4.9)를 일반화하면 식 (4.18)과 같다.

$$\epsilon(t) = \sigma_0 \sum_{k=1}^{n} J_k \left(1 - e^{-\frac{t}{T_{K,k}}}\right) \tag{4.18}$$

여기서, $T_{K,k} = \eta_k / E_k$

$\qquad\quad J_k = 1/E_k$

4.6 일반 Maxwell 모델

그림 4.11과 같이 여러 개의 Maxwell 모델을 병렬로 연결시킨 모델을 일반적 Maxwell 모델이라 한다. 이 모델에서는 각 완화요소 속에 유발되어 있는 응력의 합이 외력과 같고, 각 완화요소는 함께 변형하기 때문에 그 변형속도는 전부 같다. 따라서 각 완화요소가 분담하는 응력을 σ_k로 표시하였을 때의 운동방정식은 다음과 같이 된다.

$$\sigma = \sum_{k=1}^{n} \sigma_k \tag{4.19}$$

$$\frac{d\epsilon}{dt} = \frac{1}{E_1}\frac{d\sigma_1}{dt} + \frac{\sigma_1}{\eta_1}$$

$$= \frac{1}{E_2}\frac{d\sigma_2}{dt} + \frac{\sigma_2}{\eta_2}$$

$$\cdots\cdots$$

$$= \frac{1}{E_k}\frac{d\sigma_k}{dt} + \frac{\sigma_k}{\eta_k} \quad (k = 1,\ 2,\ \cdots,\ n) \tag{4.20}$$

이 모델의 특성을 알기 위해서는 위의 운동방정식을 여러 가지 특별한 조건에서 풀면 된다.

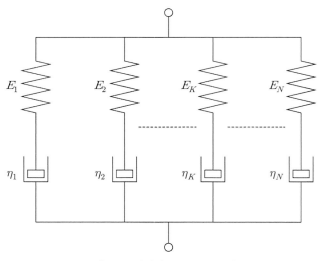

그림 4.11 일반적 Maxwell 모델

우선 응력완화에 관해서는 식 (4.5)를 일반화하여 다음과 같이 쓸 수 있다.

$$\sigma(t) = \epsilon_0 \sum_{k=1}^{n} E_k e^{-\frac{t}{T_{M,k}}} \tag{4.21}$$

여기서, $T_{M,k} = \eta_k / E_k$이다.

한편 일정한 변형속도 $d\epsilon/dt = C$로 잡아당기는 경우, 즉 $\epsilon = Ct$의 경우는 제3장의 식 (3.19)를 일반화하면 된다.

즉, 초기응력 σ_0를 가하지 않고 응력이 0인 상태에서 일정한 변형속도로 잡아당기는 경우의 식은 다음과 같다.

$$\sigma = C\eta\left(1 - e^{-t/T_M}\right) \tag{4.22}$$

이것을 일반화하면 식 (4.23)이 된다.

$$\sigma = C\sum_{k=1}^{n} \eta_k\left(1 - e^{-t/T_{M,k}}\right) \tag{4.23}$$

4.7 지연시간 및 완화시간의 연속분포

지금까지는 유한개의 지연요소(Voigt 요소) 혹은 완화요소(Maxwell 요소)로 조립되어 있는 모델을 취급하였다. 일반적 Voigt 모델과 일반적 Maxwell 모델의 어느 쪽을 택할 것인가를 정한 다음에 지연시간 $T_{K,k}$(혹은 완화시간 $T_{M,k}$)와 탄성계수 E_k가 주어지면 모델이 결정된다. 왜냐하면 점성계수는 $\eta_k = E_k T_{K,k}$(혹은 $\eta_k = E_k T_{M,k}$)에 의하여 결정되기 때문이다. 그러나 매우 많은 지연시간(혹은 완화시간)이 밀접하여 존재하는 경우에는 불연속인 유한개의 요소로 된 모델의 운동방정식을 풀어서 각각의 스프링과 대시포트의 계수를 결정하는 것은 어려우므로 실제로는 불가능에 가깝다. 이러한 경우에는 방침을 바꿔서 지연시간이나 완화시간이 연속적으로 분포되어 있다고 생각하여 그 분포상태를 나타내는 함수의 형을 정하는 방법이 편리하다. 여기에 지연시간이나 완화시간의 분포함수(distribution function) 개념이 발생한다.

4.7.1 Voigt 모델의 경우

지연시간 T_K가 $(T_K,\ (T_K + dT_K))$의 사이에 존재하는 어떤 지연요소의 compliance 합을 $\phi(T_K)dT_K$라 하면, 식 (4.24)를 얻을 수 있다.

$$\phi(T_K)dT_K = \sum_{T_K <\ T_{K,k}\ <\ T_K + dT_K} J_k \tag{4.24}$$

여기서 $\phi(T_K)$를 지연시간의 분포함수라 부른다.

연속적 분포의 경우 Voigt 물체의 점탄성 운동방정식은 식 (4.16)과 (4.17)을 확장시켜 각각 다음과 같이 된다.

$$\epsilon(t) = \int_0^\infty \epsilon^*(T_K,\ t)dT_K \tag{4.25}$$

$$\sigma(t) = \frac{1}{\phi(T_K)}\epsilon^*(T_K,\ t) + \frac{T_K}{\phi(T_K)}\frac{\partial \epsilon^*(T_K,\ t)}{\partial t} \tag{4.26}$$

여기서 ϵ^*는 식 (4.16)의 ϵ_k와 동일 의미를 가진다.

4.7.2 Maxwell 모델의 경우

완화시간 $T_M T_M$이 $(T_M,\ T_M + dT_M)$의 사이에 존재하는 어떤 완화요소의 탄성계수 합을 $\psi(T_M)dT_M$이라 하면 식 (4.27)을 얻을 수 있다.

$$\psi(T_M)dT_M = \sum_{T_M <\ T_{M,k}\ <\ T_M + dT_M} E_k \tag{4.27}$$

여기서 $\psi(T_M)$을 완화시간의 분포함수라 부른다. 연속적 분포의 경우 Maxwell 물체의 점탄성 운동방정식은 식 (4.19)와 (4.20)을 확장시켜 각각 다음과 같이 된다.

$$\sigma(t) = \int_0^\infty \sigma^*(T_M, t)dT_M \tag{4.28}$$

$$\frac{d\epsilon(t)}{dt} = \frac{1}{\psi(T_M)}\frac{\partial^*(T_M, t)}{\partial t} + \frac{1}{T_M\psi(T_M)}\sigma^*(T_M, t) \tag{4.29}$$

여기서 σ^*는 식 (4.19)의 σ_k와 동일의미를 가진다.

4.7.3 크리프 변형

일정응력 σ_0 조건하에서 Voigt 물체의 크리프 방정식은 식 (4.9)로 주어지고 일반적 Voigt 모델에서는 식 (4.18)로 주어졌다. 지연시간의 연속분포를 생각하는 경우에는 다음과 같이 쓸 수 있다.

$$\epsilon = \sigma_0 \int_0^\infty \phi(T_K)\left(1 - e^{-t/T_K}\right)dT_K \tag{4.30}$$

4.7.4 응력완화현상

일정변형률 ϵ_0 조건하에서 Maxwell 물체의 응력 완화방정식은 식 (4.5)로 주어지고 일반적 Maxwell 모델에서는 식 (4.21)로 주어졌다. 완화시간의 연속분포를 생각하는 경우에는 식 (4.31)과 같이 쓸 수 있다.

$$\sigma = \epsilon_0 \int_0^\infty \psi(T_M)e^{-t/T_M}dT_M \tag{4.31}$$

| 참고문헌 |

1) 홍원표(1983), '점탄성해석의 기본 개념', 대한토목학회지, 제30권, 제5호, pp.25-28.

2) 홍원표(1987), '점탄성 현상의 해석', 대한토목학회지, 제35권, 제4호, pp.33-40.

3) Mitchelle, J.K.(1976), *Fundermentals of Soil Behavior*, John Wiley & Sons, New York.

4) 松井保(1978), "ミクロ・レオロジ-", 土質工學會論文報告集, Vol.18, No.2, pp.81-87.

토질공학 분야에서
레오로지의 연구 동향

토질공학 분야에서 레오로지의 연구 동향

5.1 서 론

흙의 역학적 특성을 설명하기 위해서는 수학, 물리학, 지질학, 광물학 등의 기본 학문의 지식은 물론이고 레오로지, 소성역학, 열역학, 확률통계학 등의 이학적 지식도 필요하게 되었다.

이 중 레오로지는 변형과 유동에 관한 과학으로 변형을 대표하는 것은 탄성변형이고 유동을 대표하는 것은 점성유동이라 할 수 있다. 그러나 대부분의 재료는 이들 두 가지 형태에 꼭 들어맞지 않기 때문에 레오로지의 주된 연구 대상은 변형과 유동의 중간에 속하는 여러 가지 현상의 본질을 규명하는 것이다.

Maxwell, Vogit, Kelvin, Bingham 등에 의하여 연구된 레오로지 이론[1]은 1950년대 후반부터 토질공학 분야에 도입되기 시작하여 오늘에 이르기까지, 흙이 외력 작용을 받았을 때 나타나는 여러 가지 응답에서 문제가 되었던 시간 효과를 설명하는 데 크게 이바지하고 있다. 이러한 시간의존성을 나타내는 대표적인 레오로지 현상으로는 비배수전단시험 시 전단속도를 빠르게 하면 전단강도도 증대되는 현상을 들 수 있다. 그 밖에도 크리프, 응력완화(stress relaxation), 소성유동, 2차 압밀 등을 들 수 있다.

현재 토질공학에서의 레오로지의 연구는 이론면 및 적용면에 걸쳐 활발히 진행되고 있다. 특히 흙의 레오로지 이론은 물성론적인 고찰에 의한 접근법[5]과 현상론적 고찰에 의한 접근법[4]에 의하여 연구되고 있다. 전자의 경우는 미시적 레오로지(Micro-Rheology)[2]라 부르기도 하며 후자의 경우는 거시적 레오로지(Macro-Rheology)[3]라 부르기도 한다.

5.2 미시적 레오로지

미시적 레오로지는 물성론적 고찰에 의한 레오로지 이론을 말한다. 흙 입자 골격의 미시적 변화, 즉 미시적 구조의 움직임에 주목하여 흙의 역학적인 거시적 움직임을 해명함으로써 흙의 레오로지 특성을 유도하려는 접근법이다. 이와 같은 연구에는 rate process 이론[5]이 많이 적용된다.[6] Rate process 이론은 점토입자 간의 결합부를 형성하는 재료의 유동단위(flow unit, 미시적 단위변형기구)가 전단응력에 의하여 에너지 장벽을 넘어서 새로운 안정위치로 이동하는 과정을 통계 역학적으로 풀이한 이론이다.

일반적으로 점토는 박판상(薄板上) 점토광물의 random 집합체이며, 그 간극에는 간극수와 기체가 차 있다. 이들 점토광물의 표면은 통상 minus의 전하를 띠고 있기 때문에 그 표면은 물 분자로 강하게 흡착되어 흡착수층을 형성하고 있다. 이와 같은 점토의 변형, 유동 시의 흙 입자 간의 상호작용에 rate process 이론을 적용하는 연구는 다음과 같이 두 가지로 분류할 수 있다.

하나는 변형 및 유동 시 흙 입자의 접합점 부근에서 입자 사이의 원자, 분자 단위의 미시적 기구(원자, 분자 간의 결합)에 대하여 rate process 이론을 적용하는 방법이다. 원자, 분자 단위의 물성론적 연구는 원자, 분자의 보다 본질적인 입장에서 흙의 역학적 특성에 대한 물성론적인 개념을 얻을 수 있으며, 이 개념에 의거하여 흙의 거시적 움직임을 보다 통일적으로 해명할 수 있는 특징이 있다. 이 연구는 Mitchell의 연구팀,[5,7-9] Andersland. & Douglas,[10] 松井・伊藤[11-13] 등에 의하여 발전되었다.

또 다른 하나는 변형 및 유동 시에 흙 입자, 단위의 미시적인 내부기구를 미리 가정하여, 그 기구 중의 흡착수층의 점성운동에 rate process 이론을 적용하는 방법이다. 흙 입자 단위의 물성론적 연구는 Murayama. Shibata,[14-16] Christensen. & Wu,[17] Fujimoto,[18] Ter-Stepanian 연구팀[19,20] 등에 의하여 연구되었으며, 이 방법에서는 점토의 역학적 움직임이 레오로지로 표현될 수 있다는 특징을 갖고 있다. 따라서 이 입장으로부터의 연구성과를 흙의 역학적・거시적 움직임과 접속시키는 것은 비교적 용의할 것이다.

그 밖에도 Rate Process 이론과는 별도로 흡착수의 Thixotropy 효과[5]에 관한 연구[21] 및 점토 구조의 손상과 배향에 관한 지식으로부터 크리프를 설명하려는 연구[22]가 있다. 한편 Dejong[23]은 점토의 입자골격구조에 착안하여 1차 압밀과 2차 압밀을 설명하였다.

5.3 거시적 레오로지

현상론적인 고찰에 의거한 레오로지 이론을 말한다. 즉, 연결체로 다룬 흙이 외적 작용을 받았을 때 관찰할 수 있는 흙의 역학적 움직임을 해명하여 보편적인 레오로지 특성식을 정립하고자 하는 접근법에 의한 이론이다. 이 이론에는 탄소성이론, 점탄성이론 등의 이미 체계화된 이론 및 실험 결과가 도입되어 흙의 레오로지 현상, 즉 크리프, 2차 압축, 응력완화, 비배수 전단강도의 전단속도 의존성 등을 규명하였다.

예를 들면, Casagrande & Wilson[24]은 일련의 비배수 크리프시험의 결과, 흙의 크리프 파괴현상의 존재를 밝혔다. 그 후 여러 연구자들에 의하여 흙의 크리프 특성을 설명하는 실험이 실시되었다.[25-32] 이러한 흙의 크리프 파괴 발생 여부의 판단 기준은 상한항복치에 의함이 실험적으로 증명되었다.[15] 즉, 크리프시험에서의 전단응력이 상한항복치보다 크면 유한의 시간 내 크리프 파괴가 발생한다. Arulanadan의 연구팀[30,33,34]은 상한항복치를 넘지 않는 전단응력의 크리프시험은 하였을 때 크리프 파괴가 일어나지 않고 평균유효주응력이 최종적으로 접근할 것이라는 '평형응력경로'의 존재에 대하여 검토하였다. Akai et al.,[27,32]은 remolded 포화점토시료에 대한 일련의 시험으로 Rescoe의 연구팀[35]이 제안한 비배수조건하의 상태곡면식으로 표현되는 유효응력경로를 실질적인 평형응력경로로 보아도 무방함을 시사하였다. 한편 Saito-Uezawa[36]는 크리프 전단응력이 상한항복치보다 큰 경우의 크리프 파괴에 이르기까지의 시간을 구하는 식을 제안하였다. Singh-Mitchell[37]도 축변형률속도, 주응력차 및 크리프 경과 시간의 관계식을 제안하였다. 한편 전단변형률과 체적변형률의 크리프에 관한 현상을 동시에 관찰하기 위하여 배수 크리프시험이 실시되었다.[38-42]

Buisman[43]과 Gray[44]에 의하여 2차 압축이 $\log t$에 거의 비례하여 발생함이 인식되기 시작한 이후에도 많은 연구자들에 의하여 2차 압축에 대한 연구가 진행되고 있다.[38,40,45-49] 특히 Bjerrum[46]은 연약지반의 침하해석에서 2차 압축의 중요성을 'aging'과 관련시켜 개략도로 선명하게 설명하여 2차 압축의 이해에 많은 도움을 주고 있다.

Murayama-Shibata[15,16]는 포화점토의 응력완화현상을 실험 및 이론적으로 연구하였다. 실험 결과, 응력완화 과정 중에는 주응력차가 $\log t$에 거의 비례하여 감소함을 확인하였다. 통상 삼축압축시험에서는 측압을 일정하게 유지하므로, 응력완화 과정중의 긴극수압은 실질적으로 일정하게 되는 경향을 보이며, 평균유효주응력은 주응력차와 같이 시간이 지남에 따라 감소하는 실험 결과를 제시하였다.[27,32,50,51] 藤本[52]는 다짐한 불포화흙에 대하여 일축압축조건하의 응력완화시험을 실시하여, 결과를 점탄성론에서의 완화 스펙트럼의 개념에 의거하여 고찰하였다.

한편 Skempton-Bishop은 비배수전단강도의 변형속도의존성을 설명하기 위하여 Taylor 및 Casagrande-Shannon의 실험 결과를 정리하였다.[4] 또한 柴田[53]도 strain control 전단시험 및 크리프 파괴시험 결과를 정리하여 점토의 비배수전단강도비와 파괴시간과의 관계를 제시하였다. 점토의 비배수강도는 파괴에 이르기까지의 기간을 단축할수록 강해지는 현상을 설명하였다. Richardson & Whitman[54]은 유효응력의 입장에서 유효응력경로는 전단속도에 영향을 받으나 파괴 시의 유효내부마찰각은 strain velocity에 의존하지 않음을 지적하였다.

이상과 같은 흙의 레오로지 특성에 관한 연구가 진행됨과 동시에 점성토의 구조골격을 레오로지 모형으로 표현하려는 많은 연구가 Scott & Ko[6]에 의하여 정리·보고되었다. Ishihara,[55] 赤木[56] 등은 3차원 선형점탄성 모형을 구상하였고, Zienkiewicz et al.[57]은 Perzyna의 점소성이론에 입각한 점소성 모형을 제시하였다. 한편 Adachi & Okano[58]는 전 Strain velocity를 탄성 성분과 점소성 성분으로 분리하여 정규압밀점토에 대한 탄/점소성 모형을 제시하였다. 그 밖에도 Sekiguchi[59,60]는 탄/점소성 모형으로 2차 압축, dilatancy의 시간의존성을 설명하려고 하였다.

5.3.1 2차 압축

비배수전단강도의 시간의존성과 동일하게 지금까지 많은 관심을 받아온 흙의 레오로지 현상에 2차 압축이 있다. Terzaghi(1938)의 1차원 압밀이론에 의하면 흙속의 과잉간극수압의 소멸과 함께 침하량은 어느 일정치에 도달한다.[61] 그러나 실제로는 점성토에 과잉간극수압이 실질적으로 소멸한 후에도 침하는 계속하여 발생한다. 이 때 유효응력은 일정상태에 있고 측방변형이 없는 조건에서 발생하는 흙의 압축거동을 2차 압축이라 부른다.

2차 압축이 $\log t$에 비례하여 발생함은 이미 1936년에 Buisman[43]과 Gray[44]에 의해 인식되었으나 해석적으로 이 현상을 기술하려는 레오로지 모델을 설정하여 1차원 압밀문제를 푸는 시도는 Taylor·Merchant(1940)[62]가 처음이었다. 이 연구 이후 다수의 레오로지 모델이 고찰되었고 이 연구에 근거하여 1차원 압밀이론이 제안되었다. 이들 연구의 의도는 침하−시간 곡선 및 간극수압−시간 곡선에 미치는 각종 변수(압밀응력, 압밀응력 증분비, 선행 2차 압축의 계속기간, 층두께 등)의 영향을 해명하려는 것이다. 이 점에 대해서는 Barden(1965)[63] 및 網干(1969)[64] 등이 적절히 검토하였다.

그런데 연약지반의 침하해석에서 2차 압축의 중요성을 'aging'과 연계하여 선명하게 제안한 것은 Bjerrum[65,66]이다. 그림 5.1은 점토지반에서 2차 압축침하를 평가하기 위해 Bjerrum(1973)이 제안한 개념도이다.[65]

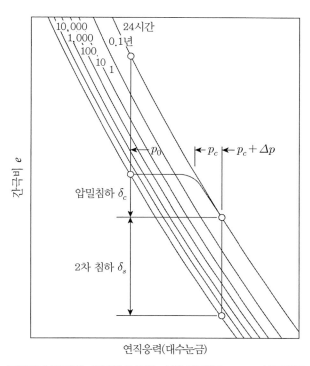

그림 5.1 간극비 - 연직유효응력 - 시간 관계(Bjerrum, 1973)[65]

이 그림 속에 서로 평행한 여러 곡선군(실제 적용 시에는 구배 C_c의 직선군에 근사하다)은 여러 유효상재압하에서 다른 기간 지속적인 하중을 받을 경우의 e와 $\log p$의 관계를 도시한 그림이다. 즉, 표준압밀시험으로 구한 $t = 24$시간의 경우의 $e - \log p$ 곡선을 시작으로 $t = 1$만년의 경우에 얻어지는 $e - \log p$ 곡선까지를 도시하였다. 이와 같은 $e - \log p$ 곡선이 재하시간 증가와 함께 평행하게 아래로 이동하는 현상은 이미 Taylor[67]에 의해 지적되었으며, Crawford[68]는 이를 증명하는 실험 결과를 제공하였다. 그림 5.1에서 주목해야 할 또 하나는 장시간 2차 압축을 받음으로써 유사선행압밀응력의 존재를 무시할 수 없다. 이와 같이 장시간에 걸친 2

차 압축 결과 유사선행압밀응력이 큰 현상은 Leonards 등[69,70]도 실험으로 도출하였다. 단, 이들 실험에서 2차 압축기간은 각각 84일과 90일이었다. 이와 같은 그림 5.1의 생각은 그때까지 집적한 점토의 간극비−압밀응력−시간 거동에 관한 지식을 종합하여 단순화한 결과이다. 그리고 Bjerrum[13,66]이 'delayed compression'을 제안한 의미는 그림 5.1에 의한 레오로지적 생각이 실제 점토지반상의 구조물의 침하해석을 실시하는 데 유익함을 실증하였다.

그림 5.1 중에 평행한 곡선 사이의 거리는 2차 압축계수 $C_a(=-d_e/d\log t)$ 혹은 $\epsilon_a e_a$에 의해 규정된다. 여기서 $\epsilon_a = C_a(1+e)$이다. Mesri[71]는 2차 압축계수에 미치는 각종 요소의 영향에 대하여 상세히 검토한 바 있다. 표 5.1은 2차 압축에 영향을 미치는 요소를 보여주고 있다. 이론도 있으나 Mesri의 검토는 2차 압축에 관한 포인트를 잘 정리하고 있다고 생각된다.

표 5.1 2차 압축에 영향을 미치는 요소

(1) 시간	(6) 전단응력
(2) 압밀응력	(7) 유효응력 증가 속도
(3) 선행압밀응력	(8) 시료두께
(4) 지속하중	(9) 온도
(5) 재성형 여부	

2차 압축에 관하여 마지막으로 논하면, 2차 압축기간 중의 유효측압 σ_h'에 대한 정보도 중요하다. 지금까지 실시한 실험 결과에 의하면 정규압밀영역에서의 1차원 압밀과정 중의 유효응력비 σ_h'/σ_v'의 변화는 작고 $\sigma_h'/\sigma_v' = K_0$로 보아도 좋다.[72] 여기서 K_0는 정지토압계수다.

K_0값의 계측과 예측은 현재도 발전단계에 있는 테마다. 2차 압축과 σ_h'/σ_v'의 관계에 대해서는 실험으로 파악하거나 혹은 흙의 변형률−시간 모델에 의해 예측할 수 있다. 이 점에 대해서는 금후의 연구가 기대된다.

5.3.2 배수 크리프 특성

배수 크리프시험을 실시하면 여러 유효응력의 조합하에 전단변형률 및 체적변형률의 크리프에 대하여 동시에 정보를 얻을 수 있다.

柴田[73]는 정규압밀점토에 대하여 평균유효주응력 p를 일정하게 유지한 단계 크리프시험을 삼축압축조건하에서 실시하여 평형 시의 다이러턴시 특성을 명백히 하여 다이러턴시의 시간의존성을 조사하였다.

편차변형률 및 체적변형률의 두 크리프 거동에 대하여 유효응력비, 즉 $\tau/(\sigma' + c'cot\phi')$의 중요성에 대해서는 Süklje[74]의 지적이 있었으나 Walker[75]는 두 크리프 거동의 상호의존성 및 유효응력 의존성을 실험적으로 조사하였다. 즉, 그는 정규압밀카올린점토에 대하여 단순전단 시험과 삼축압축시험장치를 이용하여 일련의 배수 크리프시험을 실시하였다. 그리고 전단 크리프 계수 $d\epsilon/d\log t$는 비배수 크리프의 경우와 달리 유효응력비에 거의 비례하고 다른 한편 체적 크리프 계수 $dv/d\log t$는 유효응력에 의하지 않고 실질적으로 일정하게 된다. 더욱이 Walker[75]에 의해 발견된 '$dv/d\log t$가 유효응력비 η에 의하지 않고 일정하게 된다'라는 특성은 주응력차 σ_D가 0의 경우에서도 체적 크리프가 발생함을 의미한다. 따라서 주응력차 $\sigma_D =$ 0에 비배수조건을 주면, 이를 만족하기 위하여 평균유효주응력 p가 감소하지 않으면 안 된다. Arulanandan et al.[30,33,34]이 실험에서 밝힌 바와 같이 '$\sigma_D = 0$에서 간극수압 발생현상'이 발생하지 않으면 안 된다.

정규압밀점토의 배수 크리프시험에 관한 그 이후의 연구에서는 山内와 安原[76,77]의 연구, Newland[78]의 연구, 柴田·大根,[79] 松岡·伊藤,[80] Yudhbir·Mathur[81] 등의 연구가 있다.

한편 과압밀점토의 배수 크리프에 대한 연구로는 불교란 London 점토에 대한 Bishop et al.[82]의 실험연구가 있다. 그러나 전단 크리프와 크리프의 유효응력비 의존성이나 그들 사이의 캅플링에 대한 체계적인 연구는 거의 보이지 않는다.

크리프 침하해석에서 종종 채용되는 변수로는 $d\epsilon_1/d\log t$가 있다. 이는 앞에서 설명한 $dv/d\log t$와 $d\epsilon/d\log t$을 이용하여 다음과 같이 된다.

$$d\epsilon_1/d\log t = (1/3)dv/d\log t + d\epsilon/d\log t \qquad (5.1)$$

Mesri[71]에 의해 지적된 '2차 압축계수의 유효응력의존성'의 문제는 사실은 일반적으로 유효응력의 조합하에 배수 크리프를 실시한 경우에 $d\epsilon_1/d\log t$(또는 $d\epsilon_3/d\log t$)가 어떻게 응력의존성을 나타내는가?'라는 문제에 돌아올 필요성이 있는가에 대하여 Walker et al.[75]의 연구가 어느 정도 답이 된다고 생각한다. 그리고 Poulos et al.[83]은 국부재하 점토지반의 장기 크리프 침하 예측에서 국부재하에 의해 지반 내에 발생하는 응력증분을 먼저 탄성론으로 구하고 다음으로 이 응력증분에 대응하여 발생하는 크리프 양(ϵ_1, v)을 배수 크리프시험으로 구하는 방법(extended stress path method이라 칭하였다)을 제안하였다.

5.3.3 Aging

흙 공시체를 유효응력시스템에 장시간 놓아두면 그 흙시료는 점차 '취성(brittle)' 특성을 보인다. 예를 들어, 앞에서 설명한 유효상재압하에서 장기간 2차 압축하면 할수록 그 후의 압축 거동은 더욱 취성을 갖는다. 즉, 유사선행압축응력은 더욱 발달한다. 이와 같은 aging에 의한 압축성의 영향은 흙의 전단특성에 관한 분야에서는 압밀시간의 영향으로 알려졌다. 즉, 압밀 비배수전단시험을 예로 고려하면 전단에 앞서 압밀기간의 장단에 따라 비배수전단강도 c_u 나 변형계수 E_{50} 혹은 전단과정 중의 유효응력경로는 영향을 받는다.[84-86] 또한 최근 동적 전단 탄성계수도 전단에 앞서 압밀시간의 기간(보다 정밀하게 말하면 2차 압축의 진행이 가능한 기간)의 영향을 받는 것이 실험적으로 밝혀졌다.[87]

자연지반은 그 자중에 기인하여 응력 시스템하에서 수년에 걸쳐 '정지'해 있으므로 그 거동을 특성 짓는 역학적 변수를 실내시험으로 구하면 지반 속에 흙 요소가 경험한 타임스케줄과 실내시험으로 재현된 타임스케줄 사이의 갭을 보정할 필요가 있다.

5.4 기타 연구

앞에서 검토한 흙의 레오로지 이론은 아직 실제의 기초설계에 활발히 적용되지 못하고 있는 실정이다. 그러나 말뚝기초, 인공 및 자연 사면의 안정, 터널 등의 몇몇 분야의 설계에 레오로지 현상을 고려하는 연구가 서서히 진행되고 있다.

예를 들면, 마찰말뚝에 극한하중의 1/3 정도의 하중으로 장기재하시험한 결과, 크리프 침하가 발생함을 알 수 있었다.[88-91] Booker & Poulos[92]는 크리프 특성을 고려한 점탄성 지반 중의 말뚝을 이론적으로 해석하였다.

그 밖에 말뚝의 침하에 시간효과를 고려한 최근의 연구로는 Ottaviani & Capellari[93] 등의 업적이 있다. 또 연약지반에 설치한 지지말뚝에 작용하는 Negative Friction을 감소시키기 위하여 Bitumen 등을 말뚝 표면에 코팅하여 Bitumen의 점탄성 특성을 이용한 연구가 있다.[94-96] 또한 말뚝머리에 장기적으로 수평력이 작용할 경우 지반의 횡방향이 지반반력계수에 크리프의 영향을 고려하려는 연구도 진행 중이다.[97,98] 한편 松井[99]은 소성유동지반 중의 말뚝에 작용하여 Bingham 모형[1]을 이용하여 수평력 산정 이론식을 유도하였다.

한편 仲野[100]는 산사태를 레오로지 입장에서 설명하려는 논문을 정리·보고하였다. 실제 산사태의 운동은 극히 레오로지적인 현상임을 인정하면서도, 시간요소를 도입시킨 레오로지 방정식을 이용하여 산사태 현상을 정량적으로 설명한 논문이 적다. 이는 산사태 자체의 메커니즘이 너무 복잡하기 때문이 아닌가 하는 생각이 든다. Bierrum[66,101]은 연약지반상의 축제 및 굴착 시 흙의 레오로지 특성의 중요성을 강조 하였다. 또한 Bjerrum[102]은 연약지반상에 축조되는 성토의 안정해석($\phi = 0$법)에 원위치 Vane 시험에 의한 비배수전단강도를 사용할 경우 전단강도에 시간효과 및 이방성에 대한 보정을 하여야 함을 주장하였다. 齊藤[103]는 정상 strain velocity 또는 최소 크리프 속도와 크리프 파괴시간과의 관계를 조사하여 산사태 또는 사면붕괴의 발생 시기를 예측하는 방법을 제안하였다.

그 밖에도 小林[104]는 포화점토의 장기침사에 대하여 검토하였으며, 村山·藤本,[105] 櫻井·足立[106]는 터널 굴착문제에 점탄성 및 점소성 모형에 의한 해석에 대하여 설명하였다.

| 참고문헌 |

1) 後藤廉平, 平井西夫, 花井哲也(1975), レオロジ-とその應用, 共立出版, 東京.

2) 松井 保(1978), "ミクロ·レオロジ-", 土質工學會論文報告集, Vol.18, No.2, pp.81-87.

3) 關口秀雄(1978), "マクロ·レオロジ-", 土質工學會論文報告集, Vol.18, No.3, pp.85-95.

4) 村山朔郎(1979), "レオロジ-", 土と基礎, Vol.27, No.13, pp.29-32.

5) Mitchell, J.K.(1976), Fundamentals of Soil Behavior, John Wiley & Sons, New York.

6) Scott, R.F. and Ko, H.Y.(1969), "Stress deformation and strength characteristics", P*roc., 7th ICSMFE, State of the Art Volume*, pp.1-47.

7) Mirchell, J.K.(1964), "Shearing resistance of soils as a rate process", *Jour., SMFD, ASCE*, pp.26-61.

8) Mirchell, J.K., Campanella, R.G. and Singh, A.(1968), "Soil creep as a rate process", *Jour., SMFD, ASCE*, Vol.94, No.SMI, pp.231-253.

9) Mirchell, J.K., Singh, A. and Campanella, R.G.(1969), "Bonding, effective stresses and strength of soil", *Jour., SMFD, ASCE*, Vol.95, No.SM5, pp.1219-1246.

10) Andersland, O.B. and Douglas, A.G.(1970), "Soil deformation rates and activation energies", *Géotechnique*, Vol.20, No.1, pp.1-16.

11) 伊藤富雄·松井 保(1975), "粘土の流動機構に關する研究", 土木學會論文報告集, No.256, pp.109-123.

12) 松井 保·伊藤富雄(1975), "粘土·水系の統一的な流動機構に關する基礎的研究", 木學會論文報告集, No.242, pp.41-51.

13) Matsui, T., Ito, T., Micthell, J.K. and Abe. N.(1980), "Microscopic study of mechanisms in soils", *Jour., SMFD, ASCE*, Vol.106, No.GT2, pp.137-152.

14) 村山朔郎·柴田 徹(1979), "粘土のレオロジ-特性について", 土木學會論文集, No.40, pp.1-31.

15) Murayama, S. and Shibata, T.(1961), "Rheological properties of clays", *Proc., 5th ICSMFE*, Vol.1, pp.269-273.

16) Murayama, S. and Shibata, T.(1964), "Flow and stress relaxation of clays", Proc., IUTAM Symp., Rheology and Soil Mechanics, Grenoble, pp.146-159.

17) Christensen, R.W. and Wu, T.H.(1964), "Analysis of clay deformation as a rate process", *Jour., SMFD, ASCE*, Vol.90, No.SM6, pp.125-157.

18) Fujimoto, H.(1964), "The theoretical research on the stress relaxation ", Proc., IUTAM Symp, Rheology and Soil Rechanics, Grenoble, pp.130-141.

19) Ter-Stepanian, G., Meschian, S.R. and Galstian, R.R.(1973), "Investigation of creep of clay soils at shear", *Proc., 8th ICSMFE*, Vol.1-2, pp.433-438.

20) Ter-Stepanian, G.(1975), "Creep of a clay during shear and its rheological mocel", Géotechnique, Vol.25, No.2, pp.299-320.

21) Vialov, S.S. and Skibitsky, A.M.(1961), "Problems of the rheology of soils", *Proc., 5th ICSMFE,* Vol.1, pp.387-391.

22) Vialov, S.S., Zaretsky, YU. K., Maximyak, R.V. and Pekarskaya, N.K.(1973), "Kinetics of structural deformations and failure of clays", *Proc., 8th ICSMFE*, Vol.1-2, pp.459-464.

23) DeJong, J.(1968), "Consolidation models consisting of an assembly of viscious elements or a cavity channel network", *Géotechnique*, Vol.18, pp.195-228.

24) Casagrande, A. and Wilson, S.D.(1951), "Effect of rate of loading on the strength of clays and shales at constant eater content", *Géotechnique*, Vol.2, No.3, pp.251-263

25) 栗原則夫(1972), "粘土のクリーブ破壊に關する實驗的研究", 土木學會論文報告集, No.202, pp.59-71.

26) Finn, W.D.L. and Shead, D.(1973), "Creep and creep rupture of an undisturbed sensitive clay", *Proc., 8th ICSMFE*, Vol.1-1, pp.687-703

27) 赤井浩一・足立紀商・安藤信夫(1974), "飽和粘土の應力-ひずみ-時間關係", 土木學會論文 報告集, No.225, pp.53-61.

28) Shibata. T. and Karube D.(1969), "Creep rate and creep strength of clays", *Proc., 7th ICSMFE*, Vol.1, pp.361-367.

29) Walker, L.K.(1969), "Undrained creep in a sensitive clay", *Géotechnique*, Vol.19, No.4, pp.515-529.

30) Arulanandan, K., Shen, C.K. and Young, R.B.(1971), "Undrained creep behavior of a coastal organic silty clay", *Géotechnique*, Vol.21, No.4, pp.359-375.

31) Campanella, R.G. and Vaid, Y.P.(1974), "Triaxial and plane strain creep rupture of an undisturbed clay", *Canadian Geotechnical Journal*, Vol.11, No.1, pp.1-10.

32) Akai K., Adachi, T. and Ando, N.(1975), "Existence of a unique tress-strain- time relation of clays", *Soils and Foundations*, Vol.15, No.1, pp.1-16.

33) Holer, T.L. Höeg, K. and Arulanandan, K.(1973), "Excess pore pressures during undrained clay creep", *Canadian Geotechnical Journal*, Vol.10, pp.12-24.

34) Shen, C.K., Arulanandan, K. and Smith, W.S.(1973), "Secondary consoldation and strength of a clay", *Jour., SMFD, ASCE*, Vol.99, No.SM1, pp.95-110.

35) Roscoe, K.H., Schofield, A.N. and Thurairajah, A.(1963), "Yielding of clays in states wetter than critical",

Géotechnique, Vol.13, No.3, pp.211-240.

36) Saito, M. and Uezawa, H.(1961), "Failure of soil due to creep", *Proc., 5th ICSMFE*, Vol.1, pp.315-318.

37) Singh, A. and Mitchell, J.K.(1968), "General Stress-strain-time function for soil", *Jour., SMFD, ASCE*, Vol.94, No.SM1, pp.21-46.

38) Walker, L.K.(1969), "Secondary Compressi in the shear of clays", *Jour., SMFD, ASCE*, Vol.95, No.SM1, pp.167-188

39) 安原一戰·山內豊聽(1976), "異方壓密粘土の三軸壓密にける變形特性", 土木學會論文報告集, No.246, pp.93-103.

40) Yamanouchi, T. and Yasuhara, K.(1975), "Secondary compression of organic soils", *Soils and Foundations*, Vol.15, No.1, pp.69-79.

41) Newland, P.L.(1971), "An investigation of the three-dimensional creep properties of a clay", Proc., 1st Australia-New Zealand Conference of Geomechanics, Melbourne, pp.132-137.

42) Bishop, A.W. and Lovenbury, H.T.(1969), "Creep characteristics of two undisturbed clays", *Proc., 7th ICSMFE*, Vol.1, pp.29-37.

43) Buisman, A.S.K.(1936), "Results of long duration settlement tests", *Proc., 1st ICSMFE*, Vol.1, pp.103-106.

44) Gray, H.(1936), "Progress report on research on the consolidation of fine grained-soils", *Proc., 1st ICSMFE*, Vol.2, pp.138-141.

45) Barden, L.(1965), "Consolidation of clay with nonlinear viscosity", *Géotechnique*, Vol.15, No.4, pp.345-362.

46) Bjerrum, L.(1967), "Engineering geology of normally-consolidated marine clays related to settlements of buildings", *Géotechnique*, Vol.17, No.2, pp.82-118.

47) Crawford, C.B.(1964), "Interpretation of the consolidation test", *Jour., SMFD, ASCE*, Vol.90, No.SM5, pp.87-102.

48) Leonards, G.A. and Altschaeffl, A.G.(1964), "Compressibiliy of clay", *Jour., SMFD, ASCE*, Vol.90, No.SM5, pp.133-155.

49) Mersi, G.(1973), "Coefficient of secondary compression", *Jour., SMFD, ASCE*, Vol.99, No.SM1, pp.123-137.

50) Murayama, S., Sekiguchi, H. and Ueda, T.(1974), "A study of the stress-strain- time behavior of saturated clays based on a theory of nonlinear viscoelasticity", Soils and Foundations, Vol.14, No.2, pp.19-33.

51) Lacerda, W.A. and Housion, W.N.(1973), "Stressrelaxation in soils", *Proc., 8th ICSMFE*, Vol.1-1, pp.221-227.

52) 藤本 広(1965), "締固めた不飽和土の一軸壓軸條件下の應力緩和に關する實驗的考察", 土木學會論文集, No.119, pp.19-27.

53) 柴田 徹(1974), "レオロジイ的立場がら", 第29回年次學術講演會研究討論回資料, 土木學會, pp.38-40.

54) Richardson, A.M. and Whitman, R.V.(1963), "Effect of strain rate upon undrained shear strength of a sarurated remoulded fat clay", *Géotechnique*, Vol.13, No.4, pp.310-324.

55) Ishihara, K.(1965), "Effect of rate of loading on the modulus of deformation of materials exibiting viscoelastic behaviors", *Trans., JSCE,* No.117, pp.35-50.

56) 赤木知之(1977), "レオロジ-モデル定數の-決定法", 土と基礎, Vol.25, No.3, pp.47-52.

57) Zienkiewicz, D.C., Humpheson, C. and Lewis, R.W.(1975), "Associated and non-associated viscoplasticity and plasticity in soil mechanics", *Géotechnique*, Vol.25, No.4, pp.671-689.

58) Adachi, T. and Okano, M.(1974), "A constitutive equation for normally consolidated clay", Soil and Foundations, Vol.14, No.1, pp.55-73.

59) Sekiguchi, H.(1977), "Rheological characteristics of clays", *Proc., 9th ICSMFE*, Vol.1, pp.289-292.

60) Sekiguchi, H. and Ohta, H.(1977), "Induced anisotropy and times dependency in clays", *Proc., 9th ICSMFE*, Specially Session 9, pp.229-238.

61) Terzaghi, K.(1938), "The Coulomb equation for the shear strength of cohesive soils", translated by L. Bjerrum from Die Bautechnik, From Theory to Practice in Soil Mechanics, 1960, John Wiley & Sons, pp.174-180.

62) Taylor, D.W. and Merchant, W.(1940), "A theory of clay consolidation accounting for secondary compression", *J. Math. Phys.*, Vol.19, No.3, pp.167-185.

63) Barden, L.(1965), "Consolidation of clay with nonlinear viscosity", *Géotech*, Vol.15, No.4, pp.345-362.

64) 網干寿夫(1969), 圧密, 土質力学(最上武雄稿), 技報堂 , pp.331-478.

65) Bjerrum, L.(1973), "Problems of soil mechanics and construction on soft clays and structurally unstable soils", *Proc., 8th ICSMFE*, Vol.3, pp.111-159.

66) Bjerrum, L.(1967), "Engineering geology of normally-consolidated marine clays related to settlements of buildings", *Géotech*, Vol.17, No.2, pp.82-118; 46.

67) Taylor, D.W.(1948), Fundamentals of Soil Mechanics, Modern Asia Edition, John Wiley & Sons, Inc., New York, Charles E. Tuttle Company, Tokyo.

68) Crawford, C.B.(1964), "Interpretation of the consolidation test", *J. Soil Mech. Found. Div., ASCE*, Vol.90, No.SM5, pp.87-102.

69) Leonards, G.A. and Ramiah, B.K.(1959), "Time effects in the consolidation of clays", Papers on Soils

1959 Meetings, Am. Soc. Testing Mats., ASTM STP, No.254, pp.116-130.

70) Leonards, G.A. and Altschaeff, A.G.(1964), "Compressibility of clay", *J. Soil Mech. Found. Div., ASCE*, Vol. 90, No.SM5, pp.133-155.

71) Mesri, G.(1973), "Coefficient of secondary compression", *J. Soil Mech. Found. Div., ASCE*, Vol.99, No.SM1, pp.123-137.

72) 赤井浩一・足立紀尚(1965), 有効応力よりみた飽和粘 の一次元圧密と強度特性に関する研究, 土木学会論 X, 113, pp.11-27.

73) 柴田 徹(1963), 粘土のダイラタンシーについて, 都大学防災研究所年報, 第6号, pp.128-134.

74) Süklje, L.(1967), "Common factors controlling the consolidation and the failure of soils", Proc., Geotechnical Conference on Shear Strength Properties of Natural Soils and Rocks, Vol.1, pp.153-158.

75) Walker, L. K.(1969b), "Secondary compression in the shear of clays", *J. Soil Mech. Found. Div., ASCE*, Vol.95, Na SM1, pp.167-188.

76) Yamanouchi, T. and Yasuhara, K.(1975), "Secondary compression of organic soils", Soils and Foundations, Vol.15, No.1, pp. 69-79.

77) 安原一哉・山内豊聡(1976), 異方圧密粘土の三軸圧密 汇汁石変形特性, 土木学会論文報告集, 第246号, pp.93-103.

78) Newland, P.L.(1971), "An investigation of the three-dimensional creep properties of a clay", Proc., 1st Australia-New Zealand Conference of Geomechanics, pp.132-137.

79) 柴田 徹 大根正紀(1972), 粘土の排水クリープに関する 2,3の考察, 土木学会第27回年次学術講演会講演概要集, 第3部.

80) 松岡元 伊藤文平(1974), 土の応力-ひずみ-時間 関係に関する一考察, 第9回土質工学研究発表会, 昭和49年度発表講演集

81) Yudhbir and Mathur, S.K.(1977), "Path dependent drained creep of clays", *Proc., 9th ICSMFE*, Vol.1, pp.353-356.

82) Bishop, A.W. and Lovenbury, H.T.(1969), "Creep characteristics of two undisturbed clays", *Proc., 7th ICSMFE*, Vol.1, pp. 29-37.

83) Poulos, H G., de Ambrosis, L.P. and Davis, E.H.(1976), "Method of calculating long-term creep settlements", J. Geotech. Eng. Div., ASCE, Vol.102, No. GT7, pp.787-804.

84) Bjerrum, L. and Lo, K.Y.(1963), "Effect of aging on the shear-strength properties of a normally consolidated clay", *Géotech*, Vol.13, No.1, pp.147-157.

85) Ladd, C. C.(1964), "Stress-strain modulus of clay in undrained shear", *J. Soil Mech. Found. Div., ASCE*,

Vol.90, No.SM5, pp.103-132.

86) 三笠正人 木下哲生(1970), 粘性土の圧密時間とせん 断強さについて, 土木学会第25回年次学術講演会講演 集, 第3部.

87) Anderson, D.G. and Woods, R.D.(1976), "Timedependent increase in shear modulus of clay", *J. Geotech. Eng. Div., ASCE*, Vol.102, No.GT5, pp.525-537.

88) Murayama, S. and Shibata, T.(1960), "The bearing capacity of a pile driven into soil and its new measuring methods," Soils and Foundations, Vol.1, No.2, pp.2-11.

89) Sharman, F.A.(1961), "The anticipated and obserbed penetration resistance of some friction piles entirely in clay," *Proc., 5th ICSMFE*, Vol.2, pp.135-141.

90) Combefort, H. and Chadeisson, R.(1961), "Critere Pour l'Evaluation de la Force portante d'un Pieu", *Proc., 5th ICSMFE*, Vol.2, pp.23-31.

91) Bromham, S.B. and Styles, J.R.(1971), "An analysis of pile loading tests in stiff clay," Proc., 1st Australia New Zealand Corference of Geomechanics, Melbourne, Vol.1, pp.246-253.

92) Booker, J.R. and Poulos, H.G.(1976), "Analysis of creep settlemen of pile foundations", *Jour., GED, ASCE*, Vol.102, No.GT1, pp.1-14.

93) Ottaviani, M. and Capellar, G.(1975), "Times behavior of axially loaded bored piles in a cohesive soil," Proc., 6th European Cont. SMFE.

94) Bjerrum, L., Johannesson, I.J. and Eide. O.(1969), "Reduction of skin friction on steel piiles to rock", *Proc., 7th ICSMFE*, Vol.2, pp.27-34.

95) Korener, R.M. and Mukhopadhyay, C.(1972), "Behavior of negative skin fiction on model piles in mediun-plasticity silt", Highway Research Record, No.405, pp.34-44.

96) Claessen, A.I.M. and Horvat, E.(1974), "Reducing negative friction with bitumen slip layers", *Jour., GED, ASCE*, Vol.100, No.GT8, pp.925-944.

97) 矢作 悩・萩原英輔・田矢盛之(1979), "クリーブ考えた杭の横方向K値", 土と基礎, Vol.27, No.3, pp.19-26.

98) 海老根昭・中川誠志・伊藤克彦(1980), "大口徑場所打ち杭(3.0 m)の短期および 長期水平載荷試験," 土と基礎, Vol.28, No.12, pp.11-17.

99) 松井 保(1975), "粘土の流動機構に關する基礎的ぉよび應用的研究," 大阪大學博士學位 論文, pp.183-225.

100) 仲野良紀(1981), "地すべりと斜面崩壊," 土と基礎, Vol.29, No.4, pp.49-56.

101) Bjerrum, L., Clausen, C.J.F. and Duncan, J.M.(1972), "Earth pressures on flexible structures," A stste of the Art Report, *Proc., 5th European Conf., SMFE*, Vol.2, pp.169-196.

102) Bjerrum, L.(1973), "Problems of soil mechanics and construction od soft clays and structurally unstable

soils", *Proc., 8ᵗʰ ICSMFE*, Vol.3, pp.111-159.

103) 齋藤迪孝(1981), "斜面崩壞豫測", 土と基礎, Vol.29, No.5, pp.77-82.

104) 小林正樹(1981), "飽和粘土の長期沈下", 土と基礎, Vol.29, No.7, pp.59-64.

105) 村上朔郎・藤本 徹(1972), "粘彈性地山の應力緩和による圓形トンネルの覆工土壓," 土木學會論文報告集, No.205, pp.93-106.

106) 櫻井春輔・足立紀尙(1981), "軟岩のレオロジ-", 土と基礎, Vol.29, No.3, pp.73-81.

산사태토사의 거동해석

Chapter 06 산사태토사의 거동해석

6.1 서 론

산사태는 급속하게 발생하기도 하고 완만하게 발생하기도 한다. 시간의존성 거동은 물질의 시간-의존성 거동을 다룰 수 있는 레오로지로 표현하는 것이 제일 좋다. 산사태토사의 레오로지 특성은 산사태거동을 표현하기에 적합하다. 흙의 상태는 함수비가 증가함에 따라 소성상태에서 액성상태로 점진적으로 변한다. 이러한 흙의 상태 변화는 산사태를 관리하는 데 매우 중요한 요소이다.[6]

레오로지 모델은 선형 스프링과 선형 및 비선형의 대시포트와 슬라이더로 구성되어 있다.[2] Bingham,[3] Tobolski & Eyring[7]은 일반적으로 물질의 시간의존성 거동을 수학적으로 표현하는 데 사용된다.

Komamura & Huang(1974)은 다양한 응력과 함수비에서 발생하는 산사태토사의 거동을 묘사하기 위해 점탄소성 모델의 새로운 레오로지 모델을 제안하였다.[5]

이 새로운 모델은 그림 6.1에 도시한 바와 같이 Bingham 모델[3]과 Voigt 모델[2]을 직렬로 조합한 형태의 모델이다.

제6장에서는 Komamura & Huang(1974)의 레오로지 모델을 정리·설명하여 산사태토사의 거동해석에 적용된 레오로지 모델의 적용 사례를 설명한다.[5]

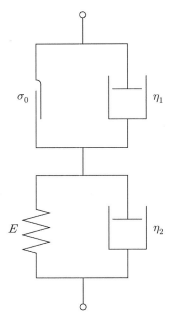

그림 6.1 Komamura & Huang(1974)의 레오로지 모델[5]

6.2 점탄소성체 특성

6.2.1 응력 - 변형 - 시간 거동

점탄소성체에 대한 변형−시간 관계는 비교적 응력 수준이 클 때는 시간의 경과에 따라 변형이 지속되거나 감소되어 점근선 $\epsilon_a = at + b + \epsilon_i$에 접근하는 식 (6.1)의 지수함수로 표시할 수 있음을 제시하였다.[4]

$$\epsilon = \epsilon_i + at + b\left(1 - e^{-ct}\right) \tag{6.1}$$

여기서 a는 점근선의 구배이고, b는 변형축의 절편이며, 이때 계수 a와 응력 σ의 관계는 직선적인 관계에 있음을 알 수 있다.

식 (6.2)는 점토가 점탄소성체의 거동을 나타낼 때의 응력−변형−시간의 관계식이므로 σ/E_i를 선형 스프링으로 생각하고 그림 6.1의 레오로지 모델을 수식으로 표시하면 식 (6.2)와 같다.

$$\epsilon = \frac{\sigma}{E_i} + \frac{1}{\eta_1}(\sigma - \sigma_0)t + \frac{\sigma}{E}\left(1 - e^{-(E/\eta_2)t}\right) \tag{6.2}$$

식 (6.2) 중 Voigt 모델을 표시한 우변 제3항은 지수함수적 변형이며, 이를 지배하는 요소는 E, η_2 및 t이며 크리프 거동 중 매우 복잡한 부분이다.

또한 재하시간을 길게 한 경우나 또는 높이를 작게 한 경우에도 단기재하시험의 결과와 같다는 사실을 알 수 있고 그 값만 달라지므로 식 (6.2)의 Voigt 모델은 어느 경우에나 만족된다고 판단된다.

6.2.2 점소성 한계 함수비

Voigt 모델의 탄성계수 E값은 함수비의 증가에 따라 감소하며 이러한 거동은 장기재하시험 및 공시체 높이를 작게 한 시험에서도 같은 결과로 나타났다.[1]

탄성계수 E값이 함수비의 증가에 따라 감소하는 이유는 흙은 임의의 함수비를 넘으면 탄성거동을 나타내지 않을 것임을 뜻한다. 이종규·전인준(1984)은 함수비가 34.6%로 되었을 때는 탄성계수 E값이 0이 되었음을 실험으로 보여주었다.[1]

한편 주어진 함수비에 있어 단기재하시험의 결과와 비교할 때 Thixotropy 효과를 고려한 경우 탄성계수 E값은 작고 높이를 작게 한 경우에는 탄성계수 E값은 크게 나타남을 보여주었다.[4]

그러나 어느 경우에서나 탄성계수 E값이 0이 되는 함수비는 34.6%로 나타났다. 따라서 Thixotropy 효과나 공시체 높이에 관계없이 점토의 상태거동은 함수비에만 지배됨을 알 수 있다. Komamura와 Huang(1974)은 이 탄성계수가 0이 되는 함수비를 점소성한계라 하여 상태거동의 한계함수비 w_{vp}로 정하였다.[5]

6.2.3 점성계수

그림 6.1 중 Voigt 모델의 점성계수 η_2를 구하기 위하여 식 (6.2)를 변형하고 점근선을 $\epsilon_a =$

$\dfrac{\sigma}{E_i} + \dfrac{1}{\eta_1}(\sigma - \sigma_0)t + \dfrac{\sigma}{E}$ 로 표시하고 양변에 대수를 취하여 정리하면 다음과 같이 된다.

$$\log(\epsilon_a - \epsilon) = \log\left(\dfrac{\sigma}{E}\right) - 0.4343\dfrac{E}{\eta_2}t \tag{6.3}$$

여기서 $\log(\epsilon_a - \epsilon) - t$ 곡선의 구배를 i라 하면 η_2는 다음과 같이 구할 수 있다.

$$\eta_2 = -\,0.4343\dfrac{E}{i} \tag{6.4}$$

이러한 관계는 Thixotropy 효과를 고려하였거나 공시체 높이가 작은 경우에도 완전히 일치하며 점성계수 η_2의 크기에만 관련되므로 어느 경우거나 Voigt 모델은 충분히 그 영향을 표시할 수 있다고 사료된다.

6.3 흙의 상태 및 Komamura & Huang(1974)의 레오로지 모델

Komamura & Huang(1974)은 함수비와 응력의 변화에 따른 제안된 새 모델의 레오로지 모델 상태 변화를 설명하였고 변형률 산정식을 다음과 같이 정리하였다.[5]

6.3.1 점성체 모델

액성한계 w_l 이상의 함수비 $w(w \geq w_l)$에서 응력한계 σ_0는 $0(\sigma_0 = 0)$인 상태에 해당하는 모델로 레오로지 모델은 그림 6.2와 같다.[5]

높은 함수비에서는 Bingham 모델의 슬라이더 저항력 σ_0가 0이 된다. 응력한계 σ_0가 0인 경우 그림 6.1의 Bingham 모델의 점성 η_1과 Voigt 모델의 점성 η_2의 차이가 없어지며 하나의 점성 η로 도시된다.

이 상태에서의 변형률은 식 (6.5)로 산정한다. 그러나 점성 η_1과 η_2의 차이가 없어지므로 식 (6.5)는 (6.6)으로 된다.

$$\epsilon = \left(\frac{1}{\eta_1} + \frac{1}{\eta_2}\right)\sigma t \qquad\qquad (6.5)$$

$$\epsilon = \frac{1}{\eta}\sigma t \qquad\qquad (6.6)$$

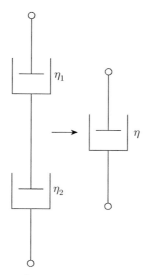

그림 6.2 점성체 레오로지 모델

6.3.2 점소성체 모델

함수비가 증가하면 탄성계수가 0이 되므로 이때의 함수비를 w_{vp}로 정한다. 함수비 w가 액성한계 w_l과 w_{vp} 사이일 때의 상태에 해당하는 모델로 레오로지 모델은 그림 6.3과 같다. 즉, 탄성계수가 0이므로 이 Voigt 모델에서 탄성요소인 스프링을 제거하고 대시포트만 남긴 모델이다.

이 상태에서의 변형률은 식 (6.7)로 산정한다.

$$\epsilon = \frac{1}{\eta_1}(\sigma - \sigma_0)t + \frac{\sigma}{\eta_2}t \qquad\qquad (6.7)$$

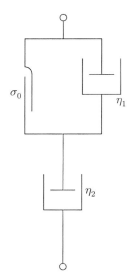

그림 6.3 점소성체 레오로지 모델

6.3.3 점탄성체 모델

함수비 w 가 함수비 w_{vp} 이하이고 응력이 응력한계 σ_0 이하일 때의 상태에 해당하는 모델로 레오로지 모델은 그림 6.3과 같다. 이 모델은 점탄성체의 모델이므로 Bingham 모델에서와 같은 유동이 존재하지 않으므로 그림 6.4에서 보는 바와 같이 Bingham 모델 요소를 제거하고 Voigt 모델 요소만 남는다.

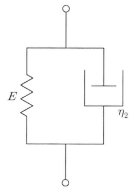

그림 6.4 점탄성체 레오로지 모델

이 상태에서의 변형률은 식 (6.8)로 산정한다. 즉, Bingham 모델과 Voigt 모델을 직렬로 연결한 모델이다.

$$\epsilon = \frac{\sigma}{E}\left[1 - e^{-(E/\eta_2)t}\right]$$ (6.8)

6.3.4 점탄소성체 모델

함수비 w가 함수비 w_{vp} 이하($w < w_{vp}$)이고 응력이 응력한계 $\sigma_0(\sigma > \sigma_0)$ 이상일 때의 상태에 해당하는 모델로 레오로지 모델은 그림 6.5와 같은 Kumamura & Huang(1974)의 기본 제안 모델이 된다.[5]

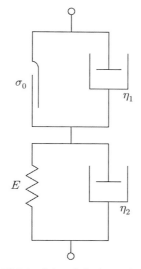

그림 6.6 점탄소성체 레오로지 모델

이 상태에서의 변형률은 식 (6.9)로 산정한다.

$$\epsilon = \frac{1}{\eta_1}(\sigma - \sigma_0)t + \frac{\sigma}{E}\left[1 - e^{-(E/\eta_2)t}\right]$$ (6.9)

| 참고문헌 |

1) 이종규·정인준(1981), '점토의 Creep 거동에 관한 유변학적 연구', 대한토목학회논문집, 제1권, 제1호, pp.53-68.

2) 홍원표(1983), "점탄성해석의 기본 개념", 대한토목학회지, 제30권, 제5호, pp.25-28.

3) Bingham, E.C.(1922), *Fluidity and Plastiicity*, McGraw-Hill Book Co., Inc, New York, N.Y.

4) Christensen, R.W. and Kim, J.S.(1969), "Rheological Studies in clay", *Clay and Clay Minerals*, Vol.17, pp.83-92.

5) Komamura, F. and Huang, R.J.(1974), "New rheologycal model for soil behevior", *Jour. GED, ASCE*, Vol.100, No. GT7, pp.807-824.

6) Singh, A. and Mitchell, J.K.(1968), "General stress-strain-time function for doils", *Jour., SMFD, ASCE*, Vol.94, No.SM1, pp.21-46.

7) Tobolsky, A. and Eyring, H.(1943), "Mechanical properties of polymetric materials", *Jour., Chemical Physics*, Vol.11.

점토의 크리프 거동

Chapter 07

점토의 크리프 거동

7.1 서 론

이종규·정인준(1981)은 응력재하초기 및 증가 초기의 탄성변형을 고려하여 제6장에서 설명한 Komamura와 Huang[11]의 모델에 상부 스프링을 설치하여 점토의 크리프 거동을 레오로지 모델로 규명한 바 있다.[1] 즉, 이종규·정인준(1981)은 그림 7.1과 같은 모델을 설정하고 Komamura와 Huang[11]의 모델에 상부 스프링을 설치함이 합당한가를 실험적으로 규명한 바 있다.

이 연구에서 이종규·정인준(1981)은 Thixotropy 효과가 이 모델에 어떤 영향을 끼칠 것인가를 알아내며 공시체 높이가 다른 경우에도 이 모델이 적용될 수 있는지의 여부를 비교·검토하였다. 제7장에서는 이종규·정인준이 제안한 모델을 인용·수록하도록 한다.[1]

이종규·정인준(1981)은 초기탄성변형을 예측하여 그림 7.1과 같이 상부에 선형 스프링을 추가 설치하였고 응력재하시간은 60분을 기준으로 하여 Thixotropy 거동을 고찰하기 위해서는 같은 함수비와 응력 수준에서 재하시간만을 시료에 따라 각각 120분, 150분, 180분으로 연장하여 시험하였다.[14,21]

또 크리프 거동을 크리프시험만으로 고찰할 수 있는가를 알기 위해서 함수비가 커서 공시체의 성형이 불가능한 점성체 상태에서는 소형 몰드를 제작하여 시험하였다. 이때 재하응력은 배수를 고려하여 아주 작은 응력을 재하시켰으나 압밀과의 관계는 역시 문제가 될 것이다. 따라서 공시체의 높이도 문제가 될 것이다. 이러한 이유와 함수비가 작은 경우라 하더라도 공시체 높이가 레오로지 모델에 어떤 영향을 끼칠 것인가를 비교·검토하기 위하여 공시체 높이는 12.5cm를 기준으로 하고 이 공시체 높이의 대략 40%에 해당하는 공시체 높이 5cm로 제작하여 동일함수비, 동일응력 수준으로 실험하여 이들 거동을 비교하였다.

제7장에서는 초기탄성의 존재에 착안하여 레오로지 모델을 제안한 이종규·정인준(1984)의 레오로지 모델에 대하여 중점적으로 설명하고자 한다.[1]

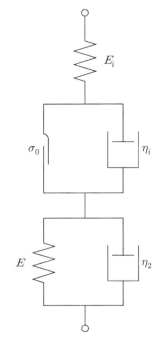

그림 7.1 이종규·정인준(1984) 모델[1]

7.2 점토의 크리프 거동

지속하중(sustained load)을 받고 있는 점토지반 또는 지반활동지대에서 사면을 형성하고 있는 점토는 시간이 경과함에 따라 실험실 또는 현장시험으로 구한 파괴강도보다 작은 응력에서 변형이 계속되어 크리프 변형이 증가·발생한다. 어떤 경우에는 변형이 과도하여 파괴에 이르기도 한다. 이러한 거동은 매우 빠른 속도로 일어나기도 하고 아주 천천히 일어나기도 하는 등 그 거동을 예측하기가 어려워 기초지반 또는 사면의 안정을 해석하려는 데 대단히 중요한 문제점 중의 하나이다.[15]

그 원인을 시간의존거동(time dependent behavior), 즉 응력－변형－시간의 관계로부터 해석하려는 시도가 많은 토질공학자[5,6,11,12,17]에 의하여 이루어졌는데, 현재까지의 연구 결과에 따르면 이러한 거동은 크리프 때문에 일어난다는 보고가 대부분이다.

점토의 응력－변형－시간 관계의 크리프 거동은 매우 복잡한데, 점토의 종류, 활성도, 소성지수 및 배수조건에 영향을 받을 뿐만 아니라 함수비 및 응력 수준에 크게 지배되기 때문이다.[11,16,23,24]

따라서 크리프에 관한 정의도 그 해석방법에 따라 여러 가지 뜻으로 설명할 수 있으나 여기서 말하는 크리프란 포화점토에서는 1차 압밀을 제외한 시간의존변형을 뜻하고 비포화점토에서는 시간의존변형은 모두 크리프로 간주한다.

여러 형태의 레오로지 모델이 점토의 응력－변형－시간 관계의 크리프 거동을 수학적으로 표현하기 위하여 제안되었다. 레오로지 모델은 그림 6.1과 같이 선형 스프링, 비선형 대시포트 및 슬라이더를 조합한 것인데 Geuze와 Tan,[9] Schiffman,[20] Murayama & Shibata,[17,18] Christensen & Wu[7] 및 Abdel-Hady와 Herrin[10] 등은 주로 Maxwell, Voigt(또는 Kelvin) 및 Bingham의 3개의 기본 모델을 이용하여 지속하중을 받는 포화점토의 레오로지 거동을 합리적으로 예측하였다.[11,16,23]

한편 Lo & Gibson,[13] Barden,[2-4] Christensen과 Kim,[8] Poskitt[19] 등은 특히 이 모델을 사용하여 주로 2차 압밀거동을 구명하는 데 널리 이용하였다.

레오로지 모델은 변형의 탄성적·소성적 및 점성적 성분을 구분하는 데 매우 유용하며 크리프나 응력완화거동을 수학적으로 전개할 수가 있다. 그러나 대부분의 경우 수학적 관계는 매우 복잡하고 특정한 응력에는 타당하지 않기 때문에 모델 상수들은 반드시 평가한 후에 응용되어야 한다.[16] 또 상기한 모델들은 압밀거동, 특히 2차 압밀거동을 해석하려는 목적하에 포화점토에 대하여 제안된 것이다. 따라서 함수비, 응력 수준 등이 한정된 상태에서의 연구 결과이다.

Komanura와 Huang[11]은 응력 수준, 함수비, 경과시간 등이 활동지대의 점토와 같이 한정되지 않은 여러 조건하의 크리프 거동을 표현하기에는 상기한 모델들은 매우 불충분하다고 보고 응력 수준 및 함수비에 따른 크리프 거동을 밝히기에 적합한 레오로지 모델을 제6장에서와 같이 제시하였다.

점토의 변형은 응력의 증가가 있은 후 시간 경과에 따라 증가하지만 결국은 한 직선에 점근할 것이므로 크리프시험으로 모델상수들을 결정할 수 있고 또 함수비가 커서 점성류로 되는 경우에는 크리프시험이 불가능하므로 소형 점도계(viscometer)를 사용하여 모델 상수를 결정하였다.

Komanmura와 Huang[11]의 레오로지 모델은 그림 6.1과 같이 기본 모델로서 Bingham 모델과 Voigt 모델을 직렬로 조합한 것인데, 함수비와 응력 수준에 따른 크리프 거동을 나타내기에 매우 적합하다. 그러나 많은 문헌에 의하면 응력재하 초기에는 초기탄성변형(immediate elastic deformation)이 발생하고 활동지대의 흐트러진 흙을 일정한 높이로 다져서 시험하는 경우에는 재하시간에 따라 Thixotropy 효과를 받게 될 것이다.[3,4,6,22]

따라서 레오로지 모델을 써서 시간의존변형을 해석하기 위해서는 Thixotropy 효과가 반드시 고려되어야 하며 Komamura와 Huang[11]도 이를 시인하였다.

7.3 초기탄성거동

이종규·정인준(1984)은 초기탄성변형(ϵ_i)이 응력 증가와 동시에 일어나고 직선이므로 발생하는 탄성변형이므로 재하 후 15≥30초 사이에서 일어난다고 하였다.[11]

일반적으로 응력–변형률의 관계는 접선계수 또는 활선계수로 표시하는데, 응력에 대한 초기변형률의 합계를 직선화시키고 그 구배를 초기탄성변형계수(immediate deformation modulus of elasticiry) E_i로 표시할 수 있다.

그림 7.2는 초기탄성변형계수 E_i와 함수비의 관계를 나타낸 것이며 탄성변형계수 E_i값이 함수비가 증가함에 따라 감소하고 있는데, 그 이유는 다음과 같이 설명할 수 있다. 먼저 함수비가 작으면 간극 중의 물의 양이 충분치 못하여 완전한 이중층을 형성할 수 없게 되고, 입자 간 반발력은 감소하여 인력이 지배적이 된다. 그 결과 다진 후 입자는 면모화하려는 경향이 생긴다. 따라서 초기탄성변형은 작아지며 그 계수 E_i값은 커지게 된다. 반대로 함수비가 증가하면 입자 간 반발력이 증대되어 분산화하려 하고 그 결과 초기탄성변형은 커지고 그 변형계수 E_i값은 감소한다고 볼 수 있다. 이들 결과는 Seed et al.[22]의 보고와 일치한다.

점성체에서도 그 거동은 같으나 이때는 함수비가 크므로 입자는 모두 분산화되어 있을 것이므로 주로 간극 중 공기의 압축에만 지배되므로 함수비 차이에 따른 초기탄성변형계수의 감소폭은 매우 작게 된다고 판단된다.

한편 재하시간이 길어서 Thixotropy 효과를 받은 점토는 강도가 증가하여 같은 함수비에서 초기탄성변형계수가 큰 결과를 보이고 있고 공시체 높이가 작은 경우에는 초기변형률이 매우 커서 초기탄성계수 E_i값은 작게 된다고 사료된다.

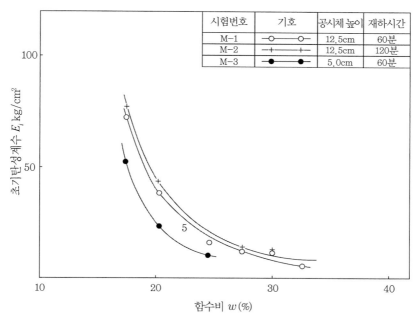

시험번호	기호	공시체 높이	재하시간
M-1	─○────○─	12.5cm	60분
M-2	─+────+─	12.5cm	120분
M-3	─●────●─	5.0cm	60분

그림 7.2 초기탄성변형계수와 함수비 관계[1]

7.4 이종규·정인준(1981)의 레오로지 모델

7.4.1 점성체 모델

함수비가 액성한계 w_l와 같거나 크다면($w \geq w_l$) 점토는 점성체의 상태가 되고 이때의 응력-변형-시간 거동식은 식 (7.1)과 같으며 레오로지 모델은 그림 7.3과 같아진다. 높은 함수비에서는 Bingham 모델의 슬라이더 저항력 σ_0가 0이 된다. 슬라이더의 응력한계 σ_0가 0인 경우 그림 7.1의 Bingham 모델의 점성 η_1과 Voigt 모델의 점성 η_2의 차이가 없어지며 하나의 점성 $\eta(= \eta_1 = \eta_2)$로 도시된다.

$$\epsilon = \frac{\sigma}{E_i} + \left(\frac{1}{\eta_1} + \frac{1}{\eta_2}\right)\sigma t \tag{7.1}$$

또 함수비가 커지면 점성계수 η_1와 η_2는 매우 작은 값이 되므로 함수비가 액성한계 w_l를 넘으면 $\eta_0(= \eta_1 = \eta_2)$로 볼 수 있어 식 (7.1)은 (7.2)와 같이 나타낼 수 있다.

$$\epsilon = \frac{\sigma}{E_i} + \frac{2}{\eta_0}\sigma t = \frac{\sigma}{E_i} + \frac{1}{\eta}\sigma t \tag{7.2}$$

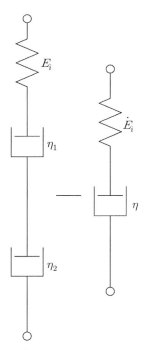

그림 7.3 점성체 레오로지 모델

또 응력과 변형속도의 관계는 식 (7.3)과 같다.

$$\dot{\epsilon} = \frac{\sigma}{\eta} \tag{7.3}$$

변형속도는 함수비가 증가함에 따라 증가한다. 이는 함수비가 커지면 점성계수는 작아지고 점성저항도 감소되기 때문이다.

높이가 큰 시료의 재하초기에는 분산상태의 입자가 면모화되려는 과정에서 입자 간의 간극은 빠른 속도로 감소할 것이고, 간극 중에 포함된 공기의 압축도 초기에는 별 저항 없이 일어날 것이다. 이것이 초기탄성변형이다.

시간이 경과함에 따라 입자는 더욱 면모화되려고 할 것이나 입자 간의 반발력과 점성에 의하여 저항을 받게 되고 또 함수비가 커서 간극 중의 공기도 연속적이 아닐 것이므로 압축된 갇힌 공기도 배출되지 못하고 시간적 지연현상을 유발하려 할 것이다. 이때 공시체 상하면에서 소량의 배수가 있다 하여도 이러한 거동은 1차 압밀이라고 보기는 어려우며, 압밀이라 하더라도 공시체의 높이가 커서 압밀 종료 시까지는 장기간을 요할 것이다. 초기 부분에 지나지 않을 것이므로 이들 거동은 점성류로 생각함이 타당하다고 할 수 있다. 그러나 높이가 작은 공시체는 배수시간이 높이의 자승에 비례한다는 통상적 법칙에 따르면 이때의 거동은 압밀이 될 것이다.

본 실험의 결과에서도 높이가 12.5cm로 큰 경우에는 점성류의 거동을 나타내는 데 비하여 높이를 5cm로 작게 한 경우 크리프 변형속도가 크게 감소할 뿐 아니라 배수량도 많아서 점성류의 거동을 나타내지 않았다. 따라서 높이가 작은 경우 함수비가 큰 공시체의 시험 결과는 본연구의 비교·검사에서 제외시켰다.

재하시간이 길면 변형속도가 감소되는 것은 명백한데, 이러한 거동은 점성류의 변형속도는 재하속도에 따라 감소한다는 Murayama와 Shibata[18]의 견해와 일치한다. 점성류의 변형속도가 재하시간의 증가에 따라 감소되는 이유는 솔-겔 변환론에 의한 Thixotropy 효과가 생긴 것이기 때문이라고 해석할 수 있다.

7.4.2 점소성체 모델

함수비 w가 액성한계 w_l보다는 작고 점소성한계 w_{vp}보다는 클 때$(w_{vp} \leq w < w_l)$의 거동으로서 탄성계수가 0이므로 Voigt 모델의 스프링은 작동하지 않는다. 또 그림 7.4의 결과로부터 초기탄성변형이 일어난다는 사실은 명백하므로 응력-변형-시간 관계식은 다음과 같음을 알 수 있다.

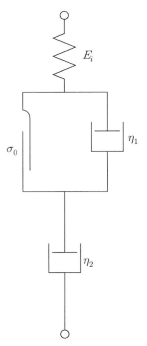

그림 7.4 점소성체 레오로지 모델

$$\epsilon = \frac{\sigma}{E_i} + \frac{1}{\eta_1}(\sigma - \sigma_0)t + \frac{\sigma}{\eta_2}t \qquad (7.4)$$

이 식은 시간 t에 관하여 직선변화를 하고 있음이 분명하며 이때의 레오로지 모델은 그림 7.3과 같다.

한편 크리프 변형속도 $\dot{\epsilon} = \dfrac{d\epsilon}{dt}$ 는 식 (7.5)와 같이 표시된다.

$$\dot{\epsilon} = \frac{1}{\eta_1}(\sigma - \sigma_0) + \frac{\sigma}{\eta_2} \qquad (7.5)$$

식 (7.4)와 (7.5)는 재하응력 σ가 한계응력 σ_0보다 클 때에만 성립하는 식인데, 점성계수의 역수 $\dfrac{1}{\eta_1}$ 및 $\dfrac{1}{\eta_2}$을 비례상수로 하는 직선식이다.

일부 점소성체의 경우 한계응력이 2개씩 생기는데, 재하응력 σ가 한계응력 σ_0보다 작다면 크리프 변형은 일어나지 않을 것이다. 이것은 Murayama와 Shibata[23]에 의하여 보고된 상한항복치(upper yield value)와 하한항복치(lower yield value)로 판단되며, 따라서 식 (2.5), (4.11) 및 식 (4.12)의 한계응력 σ_0는 하한항복치 σ_L을 사용해야 한다.

또 함수비가 36.4%인 공시체에 대하여 단기재하시험을 한 S-E-1의 경우 비례상수 $\frac{1}{\eta_1} = 101.8 \times 10 \mathrm{cm}^2/\mathrm{kg.s}$이고 $\frac{1}{\eta_2} = 266.7 \mathrm{cm}^2/\mathrm{kg.s}$인 데 비하여 장기재하시험을 한 S-E-2의 경우에는 비례상수 $\frac{1}{\eta_1} = 64.8 \times 10 \mathrm{cm}/\mathrm{kg.s}$이고, $\frac{1}{\eta_2} = 102.9 \times 10 \mathrm{cm}/\mathrm{kg.s}$로 크게 감소되어서 변형속도가 크게 감소됨을 알 수 있다. 시간 경과에 따른 면모화 과정에서의 Thixotropy 효과로 생각된다.

7.4.3 점탄소성체 모델

함수비 w가 함수비 w_{vp} 이하($w < w_{vp}$)이고 응력이 소성 슬라이더의 응력한계 $\sigma_0(\sigma > \sigma_0)$ 이상일 때의 상태에 해당하는 모델로 이종규·정인준(1984)은 이 경우에 대한 레오로지 모델을 그림 7.1과 같이 제안하였다.[3]

점탄소성체에 대한 변형－시간 관계는 비교적 응력 수준이 클 때는 시간의 경과에 따라 변형이 지속되거나 감소되어 점근선 $\epsilon_a = at + b + \epsilon_i$에 접근하는 식 (7.6)의 지수함수로 표시할 수 있음을 제시하였다.[1]

$$\epsilon = \epsilon_i + at + b(1 - e^{-ct}) \tag{7.6}$$

여기서 a는 점근선의 구배이고, b는 변형축의 절편이며 이때 계수 a와 응력 σ의 관계는 직선적인 관계에 있다.

식 (7.6)은 점토가 점탄소성체의 거동을 나타낼 때의 응력－변형－시간의 관계식이므로 σ/E_i를 선형스프링으로 생각하고 그림 7.1의 레오로지 모델을 수식으로 표시하면 식 (7.7)과 같다.

$$\epsilon = \frac{\sigma}{E_i} + \frac{1}{\eta_1}(\sigma - \sigma_0)t + \frac{\sigma}{E}\left(1 - e^{-(E/\eta_2)t}\right) \tag{7.7}$$

식 (7.7) 중 Voigt 모델을 표시한 제3항은 지수함수적 변형이며 이를 지배하는 요소는 E_i, η_2 및 t이며 크리프 거동 중 매우 복잡한 부분이다.

또한 재하시간을 길게 하거나 공시체 높이를 작게 한 경우에도 단기재하시험의 결과와 같다는 사실을 알 수 있으므로 식 (7.7)의 Voigt 모델은 어느 경우에나 만족한다고 판단된다.

7.4.4 점탄성 모델

재하응력이 한계응력보다 작을 때는 식 (7.6)에서 $a = 0$일 때 그림 7.5의 모델 중 Bingham 모델은 작동하지 않고 초기의 응력 수준에 b값만 표시된 경우이다.

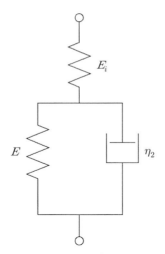

그림 7.5 점탄성체 레오로지 모델

이때의 응력−변형−시간 거동은 점탄성상태가 되며 식 (7.10)과 같이 표현된다. 또한 레오로지 모델은 그림 7.5과 같이 된다.

$$\epsilon = \frac{\sigma}{E_i} + \frac{\sigma}{E}\left(1 - e^{-(E/\eta_2)t}\right) \tag{7.10}$$

| 참고문헌 |

1) 이종규·정인준(1981), '점토의 creep 거동에 관한 유변학적 연구', 대한토목학회논문집, 제1권, 제1호, pp. 53-68.

2) Barden, L.(1968), "Consolidation of clay with nonlinear viscosity", *Geotechnique*, Vol.15, No.4, pp.413-429.

3) Barden, L.(1968), "Primary and secondary consolidation of clay and peat", *Geotechnique*, Vol.18, No.1, pp.1-24.

4) Barden, L.(1969), "Time-dependant deformation of normally consolidated clays and peats", *Jour., SMFD, ASCE*, Vol.95, SM-1, pp.1-31.

5) Bishop, A. and Lovenbury, H.T.(1969), "Creep characteristics of two unidisturbed clays", *7th International Conference on Soil Mechanics and Foundation Engineering, Mexico*, Vol.1, pp.29-37.

6) Casagrande, A. and Wilson. S.D.(1951), "Effect of rate of loading on strength of clays and shales at constant water content", *Geotechique*, Vol.2, No.3, pp.251-263.

7) Christensen, R.W. and Wu. T.H.(1964), "Analysis of clay deformation as a rate process", *Jour., SMFD, ASCE*, Vol. 90, SM-6, pp.125-157.

8) Christensen. R.W. and Kim, M.S.(1964), "Rheological studies in clay", *Clay and Clay Minerals*, Vol.17, pp.83-92.

9) Geuze, E.C.W. and Tan, T.K.(1954), "The Mechanical behavior of clays", *Prod., 2nd International congr, Rheology*, p.247.

10) Abdel-Hady, M. and Herrin, M.(1966), "Characteristics of soil asphalt as Rate Process", *Journal of the Highway Division, ASCE*, Vol.92, No.HW-1, pp.49-69.

11) Komanura, F. and Huang, R.J.(1974), "New Rheological model for soil behavior", *Journal of the Geotechnical Engineering Division, ASCE*, Vol.100, No.GT-7, pp.807-824.

12) Ladd, C.C., Foott, R., Isilhara, K., Schlosser, F. and Poulos, H.G.(1977), "Stress-deformation and strength characteristics", *9th International Conference on Soil Mechanics and Foundation Engineering, State of the Art Reports*, pp.421-458.

13) Lo, K.Y. and Gibson, R.E,(1961) "A theory of consolidation of soils exhibiting secondary compression", *Norwegian Geotechnical Institute, Publication*, No.32, pp.1-5.

14) Mitchell, J.K.(1960) "Fundamental aspects of thixotropy in soils", *Journal of the Soil Mechanics and Foundations Division, ASCE*, Vol.86, No.SM-3, pp.19-52.

15) Mitchell, J.K., Campanella, R.G. and Singh, A.(1968), "Soil creep as a Rate Process", *Journal of the Soil Mechanics and Foundations Division, ASCE*, Vol.94, No.SM-1, pp.231-253.

16) Mitchell, J.K.(1976), *Fundamentals of Soil Bahavior*, John Wiley and Sons, pp.184-185; 274; 291- 206; 303-305, pp.320-333.

17) Murayama, S, and Shibata, T.(1961), "Rheological properties of clays", *5th International Conference on Soil Mechanics and Foundation Engineering, Paris*, Vol.1, pp.269-273.

18) Murayama, S. and Shibata, T.(1964), "Flow and stress relaxation of clays", (Theoretical studies on the rheological properties of clay. Part 1) Rheology and Soil Mechanics Symposium of the International Union of Rheological and Applied Mechnacis, Grenoble, France, pp.99-129.

19) Poskitt. T.J.(1971), "Consolidation of clay and peat with variable properties", *Journal of the Soil Mechanics and Foundations Division, ASCE*, Vol.97, No.SM-6, pp.841-880.

20) Schiffman, R.L.(1959), "The Use of Visco-Elastic Stress Strain Laws in Soil Testing", *ASTM Special Technical Publication*, No.254, Papers on Soils, Meetings, pp.131-155.

21) Seed, H.B. and Chan, C.K.(1957), "Thixotropic characteristics of compacted clays", *Journal of the Soil Mechanics and Foundations Diision, ASCE.* Vol.83, No.SM-4, pp.1-35.

22) Seed, H.B., Mitchell, J.K. and Chan, C.K.(1960), "The Strength of compacted cohesive soils", *Research Conference on Shear Strength of Cohesive Soils, ASCE*, University of Colorado, Boulder, Colorado, pp.920-927.

23) Singh, A. and Mitchell, J.K.(1968), "General stress-strain-time function for soils", *Journal of the Soil Mechanics and Foundations Division, ASCE*, Vol.94, No.SM-1, pp.21-46.

24) Singh, A. and Mitchell, J.K.(1969), "Creep potential and creep rupture of soils", *7th International Conference on Soil Mechanics and Foundation Engineering, Mexico*, Vol.1, pp.379-384.

소성유동이론에 의한
블라인드실드의 추진력

소성유동이론에 의한 블라인드실드의 추진력

8.1 서 론

통상적으로 실드공법을 비교적 연약한 지반에 적용하는 경우, 압축공기로 용수를 방지하여 절삭기를 자립시키는 것이 가능하지만 초연약점토층에서는 절삭기의 붕괴, 지표면의 침하 등 각종 문제점이 발생한다. 이들 문제를 해결하기 위해서는 절삭기부를 밀폐하여 부분적인 개구부를 마련한 블라인드실드가 적용되는 경우가 많다.[1-3] 그러나 이 블라인드 공법에서 개구부를 작게 하면 절삭기의 붕괴를 막을 수는 있으나 지나치게 작게 하면 추진력의 증대, 지표면의 융기 등의 장애가 발생한다. 따라서 이 공법을 적용하는 데는 적용 지반의 토질, 필요 추진력 및 주변 지반의 거동에 관하여 충분한 검토가 필요하다. 그러나 이들 문제점에 대해서는 이론적으로 거의 검토되어 있지 않은 현상이다.[7,8]

伊藤·松井(1976)는 필요 추진력에 대한 이론적 해석을 실시한 바 있다.[4] 이때 실드 주변지반의 토질조건을 고려하여 실드 추진 시 주변 지반이 소성유동체로 생각하는 소성상태 및 Mohr-Coulomb의 파괴조건 식을 만족하는 소성상태에 있다고 하는 두 가지 형태로 가정하였다. 여기서 伊藤·松井(1976)는 전자를 소성유동이론, 후자를 소성변형이론이라 칭하였다.

양 이론에서의 가정에 의해 소성유동이론에서는 주변지반의 점성효과, 즉 시간효과를 고려하고 소성변형이론에서는 이를 무시하였다. 소성유동이론에서는 레오로지 이론을 적용하여 이론해석을 실시하였다.

그 이후 모형실험으로 블라인드실드 주변지반의 거동을 확인하여 블라인드실드에 의한 추진력 발생 기구를 해명하였고, 지표면에의 영향을 검토하였다. 더욱이 모형실험으로 블라인드실드 추진력의 이론산정식의 타당성을 검증하였다.

제8장에서는 소성유동이론 및 소성변형이론의 두 이론 중 시간효과를 고려하고 레오로지 이론을 적용한 소성유동이론에서의 이론해석을 정리·설명한다.

8.2 소성유동체에서의 이론해석

8.2.1 개요

블라인드실드 공법에서는 실드 추진 시 개구부에서 점토를 꺼낼 때 지표면에 바람직하지 않은 변위를 발생시키지 않을 것, 추진력을 소정의 값 이하로 조절할 필요가 있다. 따라서 지반의 성질 및 토피 두께에 대응하는 적절한 개구경과 필요 추진력을 산정할 필요가 있다.

그림 8.1은 관입장 L, 외경 D_1, 개구경 D_2인 원형 블라인드실드의 단면 개략도이다. 이 그림 8.1에서 $\overline{BC}$, $\overline{B'C'}$가 블라인드부고 $\overline{CC'}$가 개구부다. $\triangle ABC$, $\triangle A'B'C'$ 부분의 흙은 변형하지 않는다고 생각한다. 따라서 이하의 이론해석에서는 $\overline{AC}$, $\overline{A'C'}$에 전단면이 존재한다고 생각한다. 이 블라인드실드를 일정속도로 추진시킬 경우 실드의 전추진력 P는 다음 식으로 표현된다.

$$P = P_f + P_e \tag{8.1}$$

여기서, P_f는 실드의 주면마찰력, P_e는 실드의 선단저항력이다.

일반적으로 블라인드실드 공법이 적용되는 지반은 내부마찰각을 무시할 수 있는 점성토 지반이다. 이 지반은 블라인드실드에 의해 빠른 속도로 전단된다.

소성유동지반에서 실드를 일정속도로 추진시킬 때 실드 외주면 및 선단부의 연약점토는 소성유동상태에 있으므로 Bingham 유동체로 취급할 수 있다.[5]

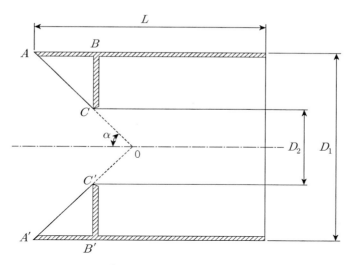

그림 8.1 블라인드실드 단면 개략도

8.2.2 주면마찰력의 산정

그림 8.2에 도시된 바와 같이 길이 L, 외경 D_1의 실드가 일정속도 v_0로 추진될 때 실드 주면에 작용하는 마찰력 P_f는 식 (8.2)와 같다.[6] 이 그림에서 τ_1 및 τ는 각각 실드의 외주면 및 임의 직경 D의 원통에 작용하는 전단응력, τ_y는 직경 D_y의 원통에 작용하는 점토의 항복 응력이다. 여기서 점토의 자중에 의한 영향은 무시한다. 수평방향 평형조건으로부터 식 (8.2)가 구해진다.

$$P_f = \pi D L \tau \tag{8.2}$$

식 (8.2)로부터 다음 식을 유도한다.

$$dD = -\frac{P_f}{\pi L \tau} d\tau \tag{8.3}$$

점토를 Bingham 유동체로 나타내면 식 (8.4)가 성립한다.[6]

$$-2\frac{dv}{dD} = \frac{1}{\eta_p}(\tau - \tau_y) \tag{8.4}$$

여기서 v는 속도, η_p는 점성계수다. 식 (8.3)을 (8.4)에 대입하고 경계조건 $v = v_0$일 때 $\tau = \tau_1$을 적용하며 식 (8.4)를 적분하면 식 (8.5)가 구해진다.

$$v_0 = \frac{P_f}{2\pi L\eta_p}\left(\ln\frac{D_y}{D_1} + \frac{D_1}{D_y} - 1\right) \tag{8.5}$$

식 (8.2)에 의하면 $D_y = P_f/\pi L\tau_y$이므로 이를 식 (8.5)에 대입하면 식 (8.6)이 구해진다.

$$v_0 = \frac{P_f}{2\pi L\eta_p}\left(\ln\frac{P_f}{\pi L\tau_y D_1} + \frac{\pi L\tau_y D_1}{P_f} - 1\right) \tag{8.6}$$

식 (8.6)은 점토의 유동조건 η_p, τ_y 및 실드의 외경 D_1이 기지이면 v_0와 P_f/L의 관계를 얻을 수 있다. 따라서 P_f가 실드의 추진속도 v_0와 실드의 길이 L의 함수로 표현된다.

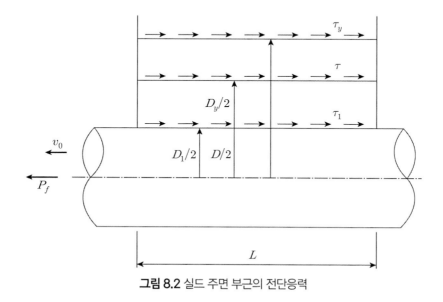

그림 8.2 실드 주면 부근의 전단응력

8.2.3 선단저항력의 산정

선단저항력 P_e를 산정하기 위해 다음과 같이 가정한다.

① 그림 8.3에 의거 실드선단부의 점토 $ACC'A'$, 즉 외반경 r_1, 내반경 r_2를 가지는 두꺼운 중공구의 일부(중심각 2α)가 실드 추진 시 소성유동상태가 된다.

② 실드가 일정속도로 추진될 때 점토 $ACC'A'$는 정성유동상태에 있고 유동방향은 항상 중심 O를 향한다.

③ 점토 $ACC'A'$는 실드 추진 시에 완전히 개구부 CC'에 유입된다.

④ 블라인드실드 선단부 AC, $A'C'$에 작용하는 외력은 측면에 작용하는 점착력 및 벽면에 토압으로 작용하는 외력의 합으로 나타난다.

⑤ 점토의 미소요소 $EFF'E'$의 구심적인 유동은 내부원호 EE'와 동일한 직경을 가지는 가상적인 파이프의 관내 유동으로 상사시킬 수 있다.

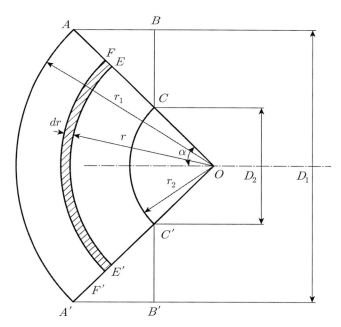

그림 8.3 블라인드실드 선단부의 소성유동상태의 점토

먼저 실드 선단부에 작용하는 점착력을 구한다. 그러기 위해 우선 그림 8.3에서 임의의 반경 τ의 미소부분 $EE'FF'$의 측면 EF, $E'F'$에 작용하는 점성력 dP'_{cv}를 구한다. 가정 ⑤에 의거하여 직경 $\widehat{EE'}(=2rd)$, 길이 $\overline{EF}(=dr)$인 가상 파이프의 관내유동을 생각한다.

관내 Bingham 유동이 발생할 때 관내 유속 v는 다음 식으로 주어진다.[6]

$$v = \frac{dr}{\eta_p \Delta p} \int_\tau^{\tau_w} (\tau - \tau_y) d\tau \tag{8.7}$$

여기서, Δp는 관내단부의 압력차, τ_w는 관벽에 작용하는 전단응력이다. $v = v_p$일 때 $\tau = \tau_p$의 경계조건하에 식 (8.7)을 적분하면 파이프 내 속도 v_p는 다음 식과 같이 구해진다.

$$v_p = \frac{dr}{\eta_p \Delta p} (\tau_w - \tau_y)^2 \tag{8.8}$$

여기서, Δp는 관축방향력의 평형조건에 의해 다음과 같이 구해진다.

$$\Delta p = \frac{2\tau_w dr}{r\alpha} \tag{8.9}$$

식 (8.9)를 (8.8)에 대입하여 식을 변형하여 τ_w를 구하면 다음과 같다.

$$\tau_w = \frac{\eta_p v_p + r\alpha\tau_y + \sqrt{(\eta_p v_p)^2 + 2\eta_p v_p r\alpha\tau_y}}{r\alpha} \tag{8.10}$$

따라서 관벽에 작용하는 점성력은 다음과 같이 된다.

$$dP'_{ev} = 2\pi r\alpha\tau_w dr = 2\pi dr \eta_p v_p + r\alpha\tau_y + \sqrt{(\eta_p v_p)^2 + 2\eta_p v_p r\alpha\tau_y} \tag{8.11}$$

다음으로 속도 v_p를 구하는 식을 근사적으로 유도한다. 블라인드실드를 속도 v_0로 추진하는 대신 점토가 $\widehat{AA'}$에 속도 v_0로 일정하게 유입된다고 가정한다. 또한 $\widehat{EE'}$ 면에서의 평균속도를 v_r라 하면, 유속조건에 의거 v_p는 다음 식으로 된다.

$$v_r = \frac{D_1^2}{8r^2(1-\cos\alpha)}v_0 \tag{8.12}$$

이상과 같이 구해지는 v_r은 근사적으로 속도 v_p와 같은 것으로 생각할 수 있다. 즉, $v_r \fallingdotseq v_p$으로 하여 식 (8.12)를 (8.11)에 대입하여 적분한다. 그 결과 실드 선단부에 작용하는 전 점성력 P'_{ev}의 x축 방향 성분 P_{ev}는 다음 식과 같이 구한다.

$$P_{ev} = \int_{r_2=D_2/2\sin\alpha}^{r_1=D_1/2\sin\alpha} 2\pi\cos\alpha\left(\alpha\tau_y r + \frac{m}{r^2} + \sqrt{\frac{2\alpha\tau_y m}{r} + \frac{m^2}{r^4}}\right)dr \tag{8.13}$$

여기서, $m = \dfrac{\eta_p v_0 D_1^2}{8(1-\cos\alpha)}$ 이다.

식 (8.13)의 우변 제3항을 2차항 정리에 의거 근사적으로 전개하고 식 (8.13)을 적분하면 다음 식이 구해진다.

$$P_{ev} = \pi\cos\alpha\left\{\frac{\alpha\tau_y}{4\sin^2\alpha}(D_1^2-D_2^2) + 4\sqrt{\frac{\alpha\tau_y m}{\sin\alpha}}(D_1^{1/2}-D_2^{1/2})\right. \tag{8.14}$$
$$\left. -4m\sin\alpha(D_1^{-1}-D_2^{-1}) - \frac{8}{5}\sqrt{\frac{m^2\sin^5\alpha}{\alpha\tau_y}}(D_1^{-5/2}-D_2^{-5/2})\right\}$$

다음으로 토압에 의한 실드 선단부에 작용하는 외력 P_{ee}는 정지토압에 근사한 토압으로 생각한다. 왜냐하면 가정 ⑤에 의거하여 실드 선단부 부근의 $ACC'A'$만이 소성유동상태에 있어 그 외측의 점토는 정지상태에 있다고 생각하기 때문이다. 따라서 이 토압을 정수압적 토압이라 생각하면, 이 토압에 의한 외력 P_{ee}는 다음과 같이 주어진다.

$$P_{ee} = \frac{\pi}{4}\gamma H_0 (D_1^2 - D_2^2)$$ (8.15)

여기서, γ는 점토의 단위체적중량, H_0는 실드 중심에서의 토피 두께, D_1 및 D_2는 각각 실드의 외경 및 개구경이다. 따라서 가정 ④에 의거 실드의 선단저항력 P_e는 식 (8.14) 및 (8.15)를 합하여 구한다.

$$P_e = \pi\cos\alpha\left\{ \frac{\alpha\tau_y}{4\sin^2\alpha}(D_1^2 - D_2^2) + 4\sqrt{\frac{\alpha\tau_y m}{\sin\alpha}}(D_1^{1/2} - D_2^{1/2}) - 4m\sin\alpha(D_1^{-1} - D_2^{-1}) \right.$$
$$\left. -\frac{8}{5}\sqrt{\frac{m^2\sin^2\alpha}{\alpha\tau_y}}(D_1^{-5/2} - D_2^{-5/2}) \right\} - \frac{\pi}{4}rH_o(D_1^2 - D_2^2)$$ (8.16)

식 (8.16) 유도 시 실드 선단부에서 소성유동하는 점토는 모두 개구부에 유입된다는 가정 ③에 의거하므로 식 (8.16)은 완전 블라인드실드의 경우, 즉 $D_2 = 0$의 경우에는 적용할 수 없다.

8.3 모형실험 결과와 이론 비교 및 고찰

伊藤·松井(1976)는 블라인드실드의 모형실험을 실시하여 모형실험 결과를 다음과 같이 정리하고 고찰하였다.[11] 모형실험에 관해서는 참고문헌[11]을 참조하기로 하고 고찰 부분만을 여기에서 설명하면 다음과 같다. (참고로 소성유동이론과 소성변형이론을 비교하기 위해 참고문헌[11]에 수록된 소성변형이론을 참조하기로 한다.)

8.3.1 실드 주변 지반의 거동 고찰

실드 추진 시 발생하는 지표면의 거동을 검토한다. 그림 8.4(a) 및 (b)는 점토의 함수비가 각각 120%와 150%인 경우의 모형실드 추진 시 발생하는 지표면의 거동을 검토한 결과이다. 이 경우의 모형실험 결과에서 측정된 연직변위를 근거로 지표면의 최대융기높이를 개구비 및 토피 두께 사이의 관계로 도시한 그림이다. 여기서 개구비는 개구부와 실드 단면의 면적비로 산정 표시한다. 단 두 그림 속에 표시된 각 교점의 숫자는 최대융기고의 실험치이며 곡선은 각 융기고 등고선을 표시하고 있다.

개구면적비 및 토피두께가 커질수록, 즉 개구면적비와 토피두께의 관계가 그림의 우상향으로 이동할 때 지표면의 최대융기고가 작게 나타남을 알 수 있다. 단 지반의 함수비에 따라 정량적인 경향은 다소 다르나 정성적으로는 거의 동일하다고 생각된다. 또한 개구면적비 및 토피두께가 더욱 커지면 그림 속에 표시된 등고선의 경향으로 판단하여 지표면 최대융기고가 부가 될 수도 있다고 추정된다. 이는 임의의 토피두께에서 개구비를 너무 크게 하면 지표면에 침하가 발생됨을 의미한다. 이런 현상은 실제 현장에서의 현상으로부터 생각하면 모순되지 않는다. 이상의 사항은 점토의 콘스턴시 상태 및 토피두께에 따라 블라인드실드의 추진속도 및 개구비를 적당히 선택함에 따라 지표면에의 영향을 없앨 수도 있음을 의미하므로 중요하다고 생각된다.

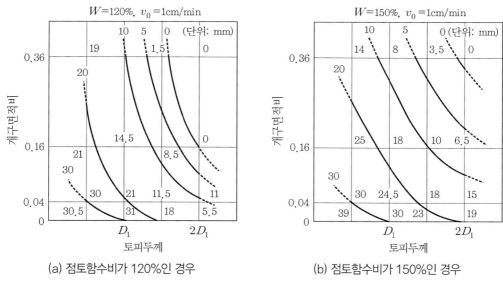

(a) 점토함수비가 120%인 경우   (b) 점토함수비가 150%인 경우

그림 8.4 지표면 최대융기높이의 등고선

8.3.2 블라인드실드 추진력의 거동 고찰

소성유동이론에 의거 블라인드실드 추진력의 이론식을 유도할 때 다음 가정을 둔다. 즉, 실드를 일정속도로 추진할 때 실드 외변부 및 선단부의 연약지반은 소성유동상태에 있고 Bingham 유동체로 표시된다.[5]

그림 8.5는 실드의 추진력 P와 관입장 L 사이의 관계이다.[11] 이 그림으로부터 실드의 추진력 P와 관입장 L 사이에는 직선 관계가 성립함을 알 수 있다. 여기서 추진력 P는 실드의 주면마찰력 P_f와 실드의 선단저항력 P_e로 나눠 각각 별도로 이론치와 실험치의 비교·검토가 가능하다.

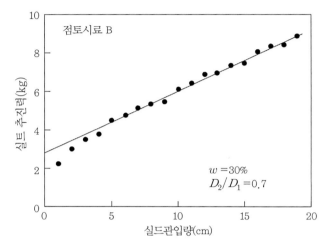

그림 8.5 블라인드실드의 추진력과 관입량의 관계

주면마찰력 P_f와 실드관입장 L 사이의 관계식인 식 (8.17)을 이용하여 점착력 c가 얻어진다.

$$P_f = \pi D_1 L c \tag{8.17}$$

식 (8.17)을 이용하여 얻어지는 점착력 c를 이용하여 선단저항력의 이론치와 실험치를 비교해보면 다음과 같다. 그림 8.6은 점토시료 A 및 B에 대하여 식 (8.6)으로 얻어지는 P_f/L의 이론치와 $P-L$의 직선관계구배로부터 얻어지는 P_f/L의 실험치를 비교한 그림이다. 그림 8.6에 이론치는 대각선 직선으로 도시하였고 실험치는 흰 원 및 검은 원으로 도시하였다. 이 그림으로부터 실드 추진력의 주면마찰력 성분은 이론치가 실험치보다 다소 큰 경향이 있으나 거의 일치한다고 생각할 수 있다.

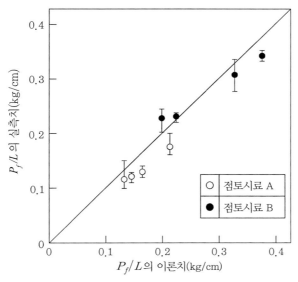

그림 8.6 주면마찰력의 이론치와 실험치의 비교

다음으로 선단저항력 P_e를 비교·검토해본다. 그림 8.7(a)-(d) 및 그림 8.8(a)-(c)는 여러 함수비를 갖는 점토시료 A 및 점토시료 B에 대한 모형실험으로 얻어진 결과다. 즉, $P-L$의 직선관계의 종축, 즉 P축 절편으로 얻어진 선단저항력 P_e의 실험치를 개구비 D_2/D_1에 대하여 정리하였다.

먼저 점토시료 A에 대해서는 그림 8.7(a)-(d)에 도시된 바와 같이 개구비 D_2/D_1과 두꺼운 중공구부의 중심각 2α를 여러 가지로 조합하여 여러 케이스 모형실험을 실시하였기 때문에 우선 α의 영향에 대하여 검토해본다. 일정한 개구비 D_2/D_1값에 대하여 α를 두세 번 변화시킨 선단저형력 P_e는 α와 뚜렷한 경향이 없음을 알 수 있다. 따라서 점토의 소성상태에 대한 파괴선은 일반적으로 최소주응력방향과 45° 경사를 이룬다.

만약 $\alpha \fallingdotseq 45°$의 경우 그림 8.1에 도시된 실드 선단부의 $\triangle ABC$, $\triangle A'B'C'$의 부분에 크루즈모후 효과[11]가 나타나면 전단면 $\overline{AC}$, $\overline{A'C'}$는 파괴선과 일치하지 않는다.

여기서 $\alpha \fallingdotseq 45°$가 되는 경우 $\triangle ABC$, $\triangle A'B'C'$의 부분에 발생하는 것이 아니라 마치 $\alpha \fallingdotseq 45°$가 되도록 발생하는 것이라 생각하면, 선단저형력 P_e는 여러 α값에 대하여 큰 영향을 받지 않게 된다는 실험 결과를 설명하게 된다. 따라서 이하의 이론에서는 실측치는 모두 $\alpha \fallingdotseq 45°$의 경우에 상당한다고 생각할 수 있다.

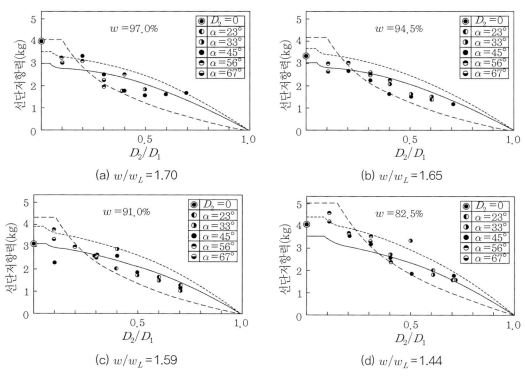

(a) $w/w_L = 1.70$

(b) $w/w_L = 1.65$

(c) $w/w_L = 1.59$

(d) $w/w_L = 1.44$

그림 8.7 선단저항력의 이론치와 실험치의 비교(sample A)

그림 8.7(a)-(d) 및 그림 8.8(a)-(c)에서 $\alpha \fallingdotseq 45°$가 되는 소성유동이론 및 소성변형이론($n = 7$)이 되는 선단저항력의 이론곡선이 각각 실험 및 파선으로 표시되어 있다. 이들 그림에서 이론치와 실험치를 비교하면 소성유동이론에 의해 이론곡선(실선)은 개구비 D_2/D_1의 감소와 함께 P_e가 다소 위로 볼록한 형태로 증가하는 경향을 갖고 있어 실측선의 경향과 반대로 되어 있다.

이상과 같이 소성유동이론이 소성변형이론에 비하여 좋은 결과가 얻어지는 것은 제8.3.1 절에서 확인된 주변지반의 거동이 소성유동이론에서 행해진 가정과 거의 일치하고 있음으로부터도 수긍할 수 있다.

다만 여기서는 소성유동이론에 대해서는 정량적으로 검토한다. 그림 8.7(a)-(d)에서 네 종류의 함수비($w/w_L > 1.4$)를 갖는 점토시료 A에 대해서는 개구비 $D_2/D_1 < 0.2$ 부분에서 실측치가 다소 과대하게 나타나는 이외, 소성유동이론에 의한 이론치와 실험치가 잘 일치하고 있다. 그러나 그림 8.8(a)-(c)에 의하면 세 종류의 함수비 $w/w_L > 1.3$을 갖는 점토시료 B에 대하여는 $w = 86.8\%$, $\eta_p = 1,600\text{cm/sec}$, $D_2/D_1 > 0.5$의 경우에서만 소성유동이론에 의한 이론치와 실험치가 일치한다. 그 밖에는 모두 실험치가 최대가 됨을 알 수 있다. 또한 실드의 추진속도의 효과는 그림 8.8(a)로 알 수 있는 바와 같이, 즉 모형실험을 이용하는 정도의 추진속도에 의해 점성력의 차는 큰 것이 아니다.

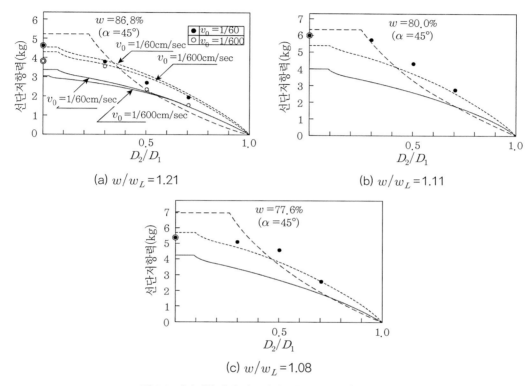

(a) $w/w_L = 1.21$

(b) $w/w_L = 1.11$

(c) $w/w_L = 1.08$

그림 8.8 선단저항력의 이론치와 실험치의 비교(Sample B)

이상의 경우를 고려하면 점토의 콘시스턴시, 개구비 및 추진속도의 조합에 의해 블라인드 실드 추진에 동반하여 점토가 개구부에 유입되기 어려운 경우에 실험치가 이론치보다 과대하게 된다고 결론지어진다. 왜냐하면 일반적으로 함수비가 낮아진다거나 개구비가 작아지면 혹은 추진속도가 빨라질수록 점토가 실드개구부에 유입되기 어려워진다.

다음으로는 이론치에 일치하지 않는 실측치에 대하여 고찰한다. 점토가 개구부에 유입되기 어려워지면 주변지반이 실드 추진과 더불어 실드 추진방향에 동반하여 실드 진행방향 혹은 상방향으로 크게 변위가 발생한다. 여기서 제8.2.3절에서 유도한 이론식에 의거하여 생각하면 실드선단추진력 중 토압에 의한 외력 P_{ee}는 실드선단부를 제외한 주변지반이 정수압상태에 있다고 가정하여 얻어진다. 그러나 점토의 콘시스턴시, 개구비, 추진속도 혹은 토피압에 의해 실드선단부의 주변지반이 실드 진행방향에 크게 변위가 발생한다. 이 경우 토압 혹은 외력 P_{ee}는 정수압적토압이 아니고 수동토압에 가까울 것이 예상된다. 수동토압의 경우 식 (8.15) 대신 다음식이 주어진다.

$$P_{ee} = \frac{\pi}{4}(\gamma H_0 + 2c)(D_1^2 - D_2^2) \tag{8.27}$$

P_{ee}로 식 (8.27)을 이용하여 구해지는 선단저항력 P_e의 소성유동이론에 의한 이론곡선이 그림 8.7(a)-(d)에서는 점선으로 표시되어 있다. 이들 점선으로 표시된 이론곡선은 전술한 실선으로 표시한 이론곡선보다 큰 값을 나타내며 실험치와 거의 일치한다.

결국 블라인드실드 선단부의 점토가 개구부에 비교적 유입되기 쉬운 경우는 실드 추진력 중 토압에 의한 항이 정수압적 토압으로 되어 점토가 정수압적 토압에서 수동적 토압으로 변화하여 크게 되는 것으로 생각된다. 이러한 생각에 의거하여 소성유동이론에 의한 블라인드실드의 추진력이 산정될 수 있다고 생각된다.

그림 8.9는 한계선단저항각 P_{ee}, 즉 $D_2 = 0$의 경우의 선단저항력의 이론치와 실험치를 비교·도시한 그림이다. 이 그림에서 소성유동이론에 대해서는 토압에 의한 항이 수동상태의 토압으로 얻어진 값을 사용하였고, 소성변형이론에 대해서는 식 (8.25)에서 계수 n이 7 및 4의 두 경우에 대하여 얻어진 값을 사용하였다.

이 그림에 의해 소성유동이론 및 $n=4$인 경우의 소성변형이론에 의한 이론치는 모두 실험치와 일치하고 있다.[11] 그러나 $n=7$의 경우 소성변형이론에 의한 이론치는 실험치보다 크게 나타나고 있다.[11] 따라서 Broms et al.,[9] Terzaghi[10]에 의하면 계수 n은 7 전후의 값을 갖는다고 생각할 수 있다. 또한 모형실험에 의한 실드선단부 점토의 거동은 소성유동이론의 가정에 근사하다. 이상의 사항으로부터 본질적으로는 소성유동이론에 의해 한계전단저항력을 사정할 수 있다고 할 수 있다. 그리고 소성변형이론에서는 본질적으로는 한계선단저항력도 산정할 수 있다. $n=4$의 경우 이론치와 실험치의 일치는 점토가 매우 연약한 경우에는 계수 n값을 작게 함에 따라 겉보기 상한계선단저항력만을 산정할 수 있음을 의미함에 지나지 않는다.

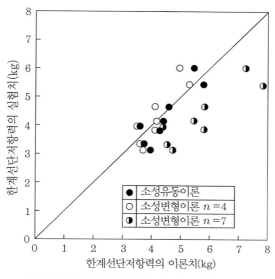

그림 8.9 한계선단저항력의 이론치와 실험치의 비교

8.4 결 언

제8장에서는 소성유동이론을 적용하여 블라인드실드의 추진력을 이론적으로 해석하였다. 그런 후 모형실험으로 실드 주변지반의 거동 및 실드 추진력 발생기구를 해명함과 동시에 그 산정식을 확립하였다. 그 결과를 요약하면 다음과 같다.

(1) 연약점토지반에서 블라인드실드를 일정하게 추진할 때 실드 선단부의 점토는 정상적인 소성유동상태가 된다. 또한 이것은 두꺼운 두께의 중공구부의 외표면에서 중심을 향해 흐르는 구심적 유동에 해당한다.

(2) 실드 선단부는 근사적으로 삼각형으로 생각해도 좋고, 두꺼운 두께의 중공구부의 중심각은 항상 $\alpha \fallingdotseq 45°$가 되도록 발생한다고 생각한다.

(3) 일반적으로 점토가 딱딱하고 토피고 및 개구비가 작고 혹은 추진속도가 빠를수록 점토는 개구부로 유입되기 어렵게 되며 주변지반은 실드 추진방향 및 위로 변위한다. 그러나 점토의 콘시스턴시 상태 및 토피두께에 따라 블라인드실드의 추진속도 및 개구비를 적당히 선택함에 따라 실드 추진에 따른 지표면의 영향을 없앨 수 있다.

(4) 연약점토지반에서 블라인드실드의 추진력을 산정함에 따라 소성유동이론 및 소성변형이론에 의하여 정성적 및 정량적으로 좋은 근사치를 준다. 이것은 소성유동이론에서 설정한 가정이 실험으로 분명해진 주변지반의 거동과 거의 일치하는 것으로부터도 인식된다.

(5) 블라인드실드 선단부의 점토가 개구부에 비교적 유입되기 쉬운 경우에는 실드 추진력 중 토압에 의한 항이 정수압적인 토압으로 되며, 점토가 개구부로 유입되기 어려운 정수압토압에서 수동토압으로 변화한다고 생각할 수 있다. 이 생각에 근거하여 소성유동이론에서 블라인드실드의 추진력이 산정될 수 있다.

(6) 한계선단저항력은 소성유동이론에서 선단저항력의 이론치가 급격히 증가하는 값, 즉 이론곡선이 최대곡률을 갖는 값으로 산정할 수 있다.

| 참고문헌 |

1) Richardson, H.W.and Mayo, R.S.(1941), *Practical Tunnel Driving*, McGraw-Hill, New York and London, p.259.

2) Széchy, K.(1966), *The Art of Tunnelling*, Akadémiai Kiadó, Budapest, p.714.

3) 渡辺・稲津・滝嶋・中野・和田(1973), シールド, トン ネル工法ハンドブック, 第4章, 建設産業調査会, pp.275-338.

4) Ito, T. and Matsui, T.(1972), "Driving force of blind type shield in soft grounds", *Technol. Repts. Osaka Univ.*, Vol.22, No.1086, pp.769-784.

5) Matsui, T., Ito, T. and Fujii, K.(1970), "Plastic Technol. flow of soft clays by pipe flow tests", No.970, pp.797-808; *Technol. Repts. Osaka Univ.*, Vol.20, No.970, pp.797-808.

6) 中川鶴太郎神戸博太郎(1959), レオロジー, みすず書房, pp.265-354.

7) Tomsen, E.G., Yang, C.T. and Kobayashi, S.(1965), *Mechanics of Plastic Deformation in Metal Processing*, The McMillan Co., New York, pp.294-334.

8) 斉藤 内藤鈴木(1968), ブラインド式シールド工法に関する考察, 大林組技術研究所報, No.2, pp.197-203.

9) Broms, B.B. and Bennermark, H.(1967), "Stability of clay at vertical opening", *Proc. ASCE*, Vol.93, No.SM1, pp.71-94.

10) Terzaghi, K.(1943), *Theoretical Soil Mechanics*, John Wiley and Sons, New York, pp.118-143.

11) 伊藤富雄・松井 保(1976), ブラインドシ-ルドの推進力と周邊地盤のに關する研究, 土質工學會論文報告集, Vol.16, No.3, pp.97-109.

점토굴착지반의 히빙해석

점토굴착지반의 히빙해석

Chapter
09

9.1 서 론

히빙이란 연약한 점성토지반을 굴착하는 경우에 그림 9.1에서 보는 바와 같이 굴착바닥이 굴착면 위로 부풀어 오르는 융기현상을 말한다. 연약점토는 굴착이 진행될 때 흙막이벽체의 하부 굴착바닥지반인근에서 흙막이벽체의 수평변위가 가장 크게 발생하고 이어서 굴착바닥지반이 부풀어 오르는 히빙이 발생한다. 이때 연약지반은 크리프 특성에 따라 양측의 널말뚝 사이를 유동하는 거동을 보인다. 즉, 주변점토지반은 시간효과에 따라 지반이 지속적으로 유동하게 된다.

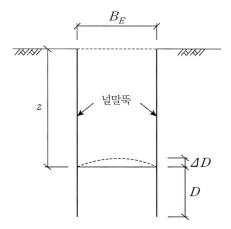

그림 9.1 점성토지반의 히빙 현상 단면도

히빙에 대해서는 히빙파괴가 일어나는 한계상태에 대한 안전율을 산정하는 방법이 주로 설명되고 있다. 그러나 굴착바닥에서 어느 정도로 굴착바닥이 부풀어 오를 것인가를 파악하는 것은 굴착의 안전 측면에서 아주 중요한 일이다.

굴착지반의 히빙량은 현장에서 계측으로 파악하기가 쉽지가 않다. 왜냐하면 공사 중에는 굴착바닥이 융기하여도 연이어 곧 굴착이 계속되기 때문에 굴착토사에서 융기량을 구분하기가 용이하지 않기 때문이다. 따라서 사전에 굴착바닥의 히빙량을 산정할 필요가 있다.

굴착바닥의 히빙량은 지반의 전단응력이 항복응력 이내일 경우와 항복응력을 초과하였을 경우로 구분하여 생각할 수 있다. 전단응력이 항복응력 이내일 경우는 흙막이벽체의 근입부 벽면에서 미끄러짐이 발생하지 않으므로 그림 9.1에 도시된 바와 같이 벽면에서의 융기량은 0이 되고 굴착지반 내부에서만 융기가 발생하게 된다. 그러나 전단응력이 항복응력을 초과하게 되면 흙막이벽체의 근입부 벽면에서 미끄러짐이 발생하고 양쪽 흙막이벽 사이 점토지반은 두 널판 사이의 채널을 흐르듯 유동이 발생할 것이다.

따리서 굴착지반의 융기량은 전단응력의 크기에 따라 두 가지 방법으로 산정함이 옳다. 먼저 전단응력이 항복응력 이내일 경우는 굴착지반을 비선형탄성체로 가정하여 예측할 수 있다.[2] 따라서 굴착할 점토지반의 삼축압축시험을 실시하여 응력－변형률 사이의 거동을 보면 점토는 선형거동과는 다른 비선형거동을 보인다. 이는 흙이 탄소성체인 관계로 탄성변형 이외에 소성변형이 발생하기 때문이다. 이러한 흙의 비선형거동을 취급하는 방법 중 하나인 Duncan & Chang(1970) 모델[3]을 적용하여 굴착지반의 융기량을 산정한다.[1]

다음으로 전단응력이 항복응력을 초과할 경우의 유동현상은 레오로지 이론 중 Bingham 모델[4]을 적용한다. 유동현상을 나타내는 모델로는 Newton 모델이 일반적으로 활용되나 이는 항복응력을 고려하지 않고 전단응력이 발생하는 초기부터 유동이 발생될 경우에 적합하다. 그러나 Bingham 모델은 항복응력까지는 유동이 발생하지 않고 그 이후에 유동이 발생되는 경우에 적용할 수 있는 모델이다.[4]

9.2 Bingham 모델에 의한 점탄성해석

점토지반은 점성을 포함하고 있어 유동특성을 해석하기 위해서는 레오로지(rheology) 이론을 종종 도입한다. 특히 항복응력을 초과하는 점토의 시간의존성 거동을 표현하기 위해서는

Bingham 모델을 적용할 수 있다.[4] 따라서 점성토지반에서의 지반굴착으로 인하여 발생하는 히빙현상은 점성토의 유동현상의 일종이므로 레오로지 이론 중의 Bingham 모델을 적용하여 해석할 수 있다. Bingham 모델은 시간의 개념이 도입된 이점 이외에도 항복응력의 개념이 포함되어 있어 이에 대한 고려를 할 수 있다.

9.2.1 점토의 유동거동의 기본이론

그림 9.2는 점성물체의 유동성을 도시한 그림이다. 일정한 응력이 작용하고 있는 상태에서 변형률이 계속 증가하며 t_1 시간 후 응력을 제거하여도 그 시각에서의 변형률(ϵ_1, ϵ_2 혹은 ϵ_3)은 전혀 회복하지 못하고 영구변형률로 남게 된다. 여기서 변형률의 시간적 증가량이 일정한 경우, 즉 변형속도가 변하지 않는 균일흐름(uniform flow)에서는 응력과 변형속도 사이에 일정한 함수관계가 성립하게 된다. 이런 흐름을 Newton 유동이라 하며 다음과 같이 표현한다.

$$\sigma = \eta \frac{d\epsilon}{dt} \tag{9.1}$$

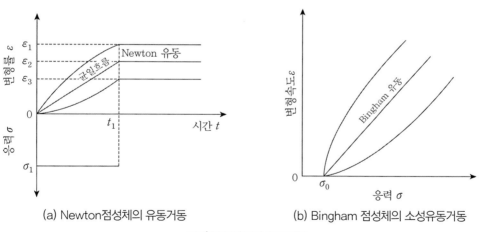

(a) Newton점성체의 유동거동   (b) Bingham 점성체의 소성유동거동

그림 9.2 점토의 유동거동

한편 동일물질이라도 응력의 범위에 따라 탄성과 유동성의 양쪽 성질을 나타내는 소성의 경우가 있다. 즉, 응력이 적은 경우는 탄성을 보이나 어느 응력(항복치) 이상에서는 유동성을 보이게 된다. 항복치 σ_0 이상의 응력에서 유동성이 균일흐름인 경우는 그림 9.2(b)와 같은 소

성유동의 관계가 되며 레오로지 방정식은 식 (9.2)와 같이 표현된다. 이런 흐름을 Bingham 유동이라 한다.

$$\frac{d\epsilon}{dt} = \frac{1}{\eta}(\sigma - \sigma_0)$$ (9.2)

9.2.2 지반융기량 산정식

점토를 점성유동체로 취급하여 굴착점토지반의 유동거동을 해석하는 데는 그림 9.2(b)에 도시된 Bingham 모델을 적용할 수 있다. 왜냐하면 굴착토사의 해방응력에 의하여 유발되는 전단응력이 항복치를 초과하지 않을 때는 유동이 발생되지 않다가 항복응력을 초과해야 비로소 유동이 발생되므로 Bingham 모델을 적용하기에 적합하다. 단 Bingham 모델을 도입하는 데는 앞에서 설명한 Hyperbolic 모델을 적용할 때와 동일한 사항을 가정한다.

먼저 흙막이벽면에서의 항복전단응력을 발생시키는 해방응력 $\Delta p'_0$은 식 (9.3)과 같다.

$$\Delta p'_0 = \frac{\tau_y D}{B}$$ (9.3)

여기서, B: 굴착폭 B_E의 1/2

D: 흙막이벽의 근입길이

τ_y: 흙막이벽면에서의 항복전단응력

$\Delta p'_0$: 흙막이벽면에서의 전단응력을 발생시키는 굴착해방응력

그리고 굴착바닥 중심축에서 x 거리 위치에서의 전단응력은 식 (9.4)와 같으며 이 위치에서의 유동속도구배는 식 (9.5)와 같다.

$$\tau = x\frac{\Delta p'}{D}$$ (9.4)

$$\frac{dv}{dx} = -\frac{1}{\eta}(\tau - \tau_y)$$ (9.5)

여기서, η = 점성계수

식 (9.5)에 (9.4)를 대입하여 정리하면 식 (9.6)이 된다.

$$\frac{dv}{dx} = -\frac{1}{\eta}\left(x\frac{\Delta p'}{D} - \tau_y\right) \tag{9.6}$$

이 식을 적분하고 그림 9.3에서의 속도분포도에서 보는 바와 같이 $x = B$일 때 $v = 0$인 경계조건으로 적분상수를 구해 다시 정리하면 식 (9.7)이 구해진다.

$$v_x = -\frac{1}{\eta}\left(\frac{\Delta p'}{2D}x^2 - \tau_y x - \frac{\Delta p'}{2D}B^2 + \tau_y B\right) \tag{9.7}$$

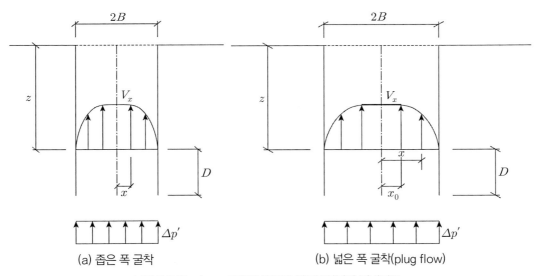

(a) 좁은 폭 굴착   (b) 넓은 폭 굴착(plug flow)

그림 9.3 Bingham 모델이 적용된 점토굴착지반 히빙거동

점토의 유동이 발생될 때 그림 9.3(a)와 (b)에 도시한 바와 같이 유동속도가 굴착바닥 전체에 걸쳐 어떻게 변화하는가에 따라 두 가지로 구분할 수 있다.

Bingham계에서는 전단응력이 항복치 이하이면 유동속도구배 $dv/dx = 0$이 되므로 움직이지 않는 부분이 생긴다. 즉, 굴착바닥 지반 내의 속도구배는 Newton계 유동에서는 그림 9.3(a)

와 같이 된다. 이런 경우는 주로 굴착폭이 좁을 때 해당된다. 그러나 Bingham계 유동에서는 그림 9.3(b)에 도시된 바와 같이 거리 x_0 이하의 부분에서는 속도구배가 없이 플러그 모양으로 유동한다. 이를 플러그 흐름(plug flow)라 한다. 이런 경우는 주로 굴착폭이 넓을 때 해당된다. 플러그 흐름 범위의 거리 x_0는 식 (9.6)에서 $dv/dx = 0$이 되는 위치로 구하면 식 (9.8)이 된다.

$$x_0 = \frac{\tau_y D}{\Delta p'} \tag{9.8}$$

따라서 플러그 흐름이 발생될 경우 $x < x_0$인 플러그 흐름 영역에서는 유동속도구배가 0이며 유동숙도가 일정한 $v(x_0)$는 식 (9.9)와 같으며, 이때 $B > x > x_0$ 영역에서의 속도구배는 식 (9.7)이 된다.

$$v(x_0) = -\frac{1}{\eta}\left(\frac{\Delta p'}{2D}x_0^2 - \tau_y x_0 - \frac{\Delta p'}{2D}B^2 + \tau_y B\right) \tag{9.9}$$

굴착바닥에서 단위시간당 부풀어 오르는 융기량 V/t는 식 (9.10)과 같이 된다.

$$\frac{V}{t} = \int_0^B v_x dA \tag{9.10}$$

여기서 면적 dA는 Ddx가 된다. 만약 굴착폭이 좁아 플러그 흐름이 발생하지 않을 경우의 굴착융기량은 식 (9.10)의 적분을 실시하여 식 (9.11)과 같이 구한다.

$$\frac{V}{t} = \frac{D}{\eta}\left[\frac{\Delta p'}{3D}B^3 - \frac{\tau_y}{2}B^2\right] \tag{9.11}$$

그러나 굴착폭이 넓어 플러그 흐름이 발생할 것이 예상되면 중심축에서의 거리 x를 0에서 x_0까지의 플러그 흐름 부분에서의 융기량과 x_0에서 B까지의 부분에서의 융기량의 두 부분으로 나눠 속도 v_x를 각각 적용하여 식 (9.12)와 같이 적분을 해야 한다.

$$\frac{V}{t} = \int_0^{x_0} v(x_0)Ddx + \int_{x_0}^{B} v_x Ddx \tag{9.12}$$

이 식을 정리하면 식 (9.13)이 된다.

$$\frac{V}{t} = \frac{D}{\eta}\left[\frac{\Delta p'}{3D}\left(B^3 - x_0^3\right) - \frac{\tau_y}{2}\left(B^2 - x_0^2\right)\right] \frac{V}{t} = \frac{D}{\eta}\left[\frac{\Delta p'}{3D}\left(B^3 - x_0^3\right) - \frac{\tau_y}{2}\left(B^2 - x_0^2\right)\right] \tag{9.13}$$

여기서 식 (9.8)로 구한 x_0가 굴착폭의 반에 해당하는 b보다 작으면 플러그 흐름은 발생할 수 있다고 판단한다.

한편 굴착바닥 임의의 위치 x에서의 시간 t에서의 융기량 u_x은 다음과 같이 구한다.

$$v_x = \frac{u_x}{t} \tag{9.14}$$

식 (9.7)과 (9.9)로부터 융기량 $u_x u_x$는 다음과 같이 구할 수 있다.

$$u_x = -\frac{t}{\eta}\left(\frac{\Delta p'}{2D}x^2 - \tau_y x - \frac{\Delta p'}{2D}B^2 + \tau_y B\right) \qquad (x_0 < x < B) \tag{9.15a}$$

$$u_0 = -\frac{t}{\eta}\left(\frac{\Delta p'}{2D}x_0^2 - \tau_y x_0 - \frac{\Delta p'}{2D}B^2 + \tau_y B\right) \qquad (x < x_0) \tag{9.15b}$$

| 참고문헌 |

1) 정영석(2001), '연약점성토지반 굴착 시 굴착저면의 융기현상에 관한 연구', 중앙대학교대학원 석사 학위논문.

2) 홍원표(2020), 흙막이굴착, 도서출판 씨아이알.

3) Duncan, J.M. and Chang, C.Y.(1970), "Nonlinear analysis of stress and strain in soils", *Jour. SMFD, ASCE*, Vol.96, No.SM5, pp.1629-1653.

4) 後藤康平・平井西夫・花井哲也(1975), レオロジ-とその応用, 共立出版柱式會社, 東京, pp.59-72.

측방유동지반 속 억지말뚝의
시간의존성 거동해석

측방유동지반 속 억지말뚝의 시간의존성 거동해석

10.1 서 론

일본 新潟縣은 일본에서 산사태가 가장 많이 발생하는 현으로 예로부터 산사태에 의한 참사가 반복되었다. 예를 들면, 宝曆元年 明立町에 발생한 산사태는 한 부락을 바닷속으로 붕락시켜 일순 428명의 인명피해가 발생하였다. 전후에도 柵口산사태(1947, 5.가옥 80호 붕괴) 등 주요 산사테로 피해규모는 사상자가 53명, 매몰 파손 가옥이 408호에 이른다.

1977년 新潟縣 林野廳 위탁조사와 그 밖의 현장조사와 함께 종합적 해석을 실시하여 설계계획에 유익하도록 하였다.[22] 이 지역에서는 억지말뚝을 설치하여 산사태를 상당히 억지시킬 수 있었다. 그러나 이들 억지말뚝의 이동량을 조사한 결과 그림 10.1에서 보는 바와 같이 억지말뚝 설치 후 말뚝의 변위량이 상당히 진행되었고 지금도 진행되고 있어 시간의존성 거동을 관찰할 수 있었다.

그림 10.1은 한 억지말뚝 부근에 설치한 변위말뚝의 변위 거동을 보여주고 있다.[22] 이 측정 결과에 의하면 말뚝의 변위는 시간의존적으로 증가되고 있음을 알 수 있다. 억지말뚝의 시간의존적 변화는 억지말뚝이 설치된 지역의 토질이 점탄성 지반이므로 발생되는 것으로 생각된다. 따라서 이러한 거동을 해석하기 위해서는 레오로지 모델을 도입하여 지반의 점탄성을 고려한 해석을 실시할 필요가 있다.

따라서 제10장에서는 산사태 파괴면 아래 지반을 Voigt 모델을 적용하여 점탄성지반으로 해석한 결과를 설명한다.

우선 억지말뚝에 작용하는 측방토압 산정식[1-5,7,8]에 대하여 설명하고 억지말뚝이 측방토압을 받을 경우 예상되는 말뚝의 거동을 예상할 수 있는 해석법을 설명한다.[6] 이 해석은 억지말뚝의 수평변위에 나타나는 시간의존성 변위를 예측하기 위해 지반의 점탄성 해석에 레오로지 이론을 적용한다.

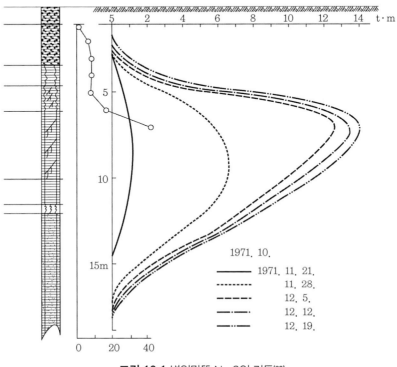

그림 10.1 변위말뚝 No.2의 거동[22]

10.2 억지말뚝에 작용하는 측방토압

사면 속에 설치된 억지말뚝은 사면의 측방변형이 원인이 되어 2차적으로 발생되는 측방토압을 받게 되는 경우가 많다.[9,15] 이와 같은 말뚝을 소위 수동말뚝(passive pile)이라고 하며,[8,18] 현재 기초공학 분야에서 중요한 문제 중의 하나로 취급되고 있다. 수동말뚝을 안전하게 설계하기 위한 가장 중요한 기본사항은 말뚝에 작용하는 측방토압을 정확하게 산정하는 것이다. 그러나 이 측방토압은 여러 가지의 요인의 영향을 받고 있음이 이미 알려져 있다.[11] 이러한 말뚝에서는 지반과 말뚝의 상호작용의 결과로서 측방토압이 결정되므로 이 측방토압을 정확하게 예측하는 것은 용이한 일이 아니다.

Tschebotarioff(1971)는 뒤채움에 의하여 발생되는 점토지반의 측방변형 시 교대기초말뚝에 작용하는 토압을 삼각형 분포로 가정하여 경험식을 제안하였고,[21] De Beer & Wallays(1972)는 Brinch Hansen이 제안한 말뚝의 수평극한저항식 등을 이용한 방법을 제안하였다.[10] 그러나 이들 방법에는 말뚝과 지반 사이의 상호작용이 고려되지 않아 정확한 토압의 값을 산정하지 못하였다. 한편 Ito & Matsui(1975)[14] 및 Matsui, Hong & Ito(1982)[19]는 말뚝과 지반 사이의 상호작용을 고려한 측방변형지반 속 줄말뚝에 작용하는 측방토압을 제안한 바 있다.[8] 이 측방토압식은 측방변형지반 속에 발달하는 지반아칭 영역 중 말뚝전면부에 발생하는 쐐기영역에서 주로 발생되는 측면파괴(side failure) 혹은 캡파괴(cap failure)를 가정하여 유도·제안된 식이다. 그러나 실제로 말뚝주변지반에서의 파괴는 지중에 형성된 지반아칭 영역 중 외부아치의 천정부에서 파괴가 먼저 진행되어 말뚝전면부의 캡쐐기부로 전파하게 된다. 이 경우 말뚝 사이 지반에 발달하는 지반아치의 천정부에서 시작되는 파괴형태를 정상파괴(crown failure)라 하고, 말뚝 전면의 캡쐐기부에서의 전단파괴형태를 측면파괴(side failure)라고 한다.[7] 이와 같이 지반아칭영역의 가장 취약한 부분인 지반아치 정점부의 응력상태를 고려한 정상파괴와 말뚝 전면 쐐기부의 전단응력을 고려한 측면파괴를 고려해야 한다.

홍원표(1984)는 캡파괴형 태에서의 말뚝의 측방토압을 한계평형원리를 적용하여 산정·설명한 바 있으며,[1,3-5] 홍원표·송영석(2004)은 말뚝주변지반에서 발생되는 정상파괴가 발생하기 시작할 때의 측방토압에 대하여 설명 한바 있다.[7] 이는 곧 지반아치가 형성된 후 파괴가 진행되는 제일 초기단계를 이르는 것이라 생각할 수 있다. 홍원표(2017)는 이러한 수동말뚝에 작용하는 측방토압에 대하여 자세히 설명한 바 있다.[8]

그림 10.2에서 보는 바와 같이 억지말뚝이 사면지반 속에 일정한 간격으로 일렬로 설치되어 있는 경우 그 지반이 부근의 상재하중 등으로 인하여 말뚝열과 직각방향으로 측방변형을 하게 되면 말뚝주변지반에 소성영역이 발생되어 줄말뚝은 측방토압을 받게 된다. 일반적으로 줄말뚝의 설계에 적용되는 측방토압은 단일말뚝에 작용되는 토압을 사용하였지만 이들 이론식의 근거는 매우 빈약하고 이를 토대로 설계되므로 사고가 발생하는 경우가 종종 있었다.[11,22]

즉, 단일말뚝에 작용하는 측방토압을 줄말뚝에 적용할 경우 문제가 있고 말뚝의 설치간격에 따라 말뚝 주변지반의 변형양상이 다르게 되므로 측방토압을 산정하는 데 어려움이 있다. 또한 소성변형이나 측방유동이 발생되는 지반에 줄말뚝이 설치되어 있으면 지반의 측방유동이 수동말뚝의 안정에 중요한 영향을 미치게 된다. 왜냐하면 측방유동에 의하여 유발되는 측방토압은 말뚝과 주변지반의 상호작용에 의하여 결정되기 때문이다.

원래 억지말뚝의 전면(지반변형을 받는 면)과 배면에는 서로 평형상태인 동일한 토압이 작용하고 있었으나 뒤채움이나 성토 등의 편재하중으로 인하여 사면지반이 이동하게 되어 토압의 평형상태는 무너지게 되고 억지말뚝은 편토압을 받게 된다. 여기서 취급될 측방토압이란 이 줄말뚝의 전면과 배면에 각각 작용하는 토압의 차에 상당하는 부분에 해당하는 것이다.

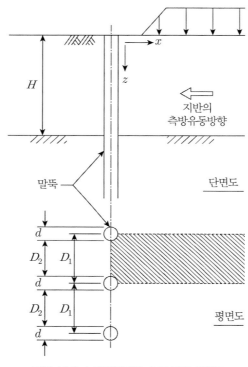

그림 10.2 소성변형지반 속의 말뚝 설치도

억지말뚝에 작용하는 측방토압의 산정식을 유도하는 경우에 특히 고려해야 할 점은 말뚝간격 및 말뚝주변지반의 소성상태의 설정이다. 전자에 대해서는 억지말뚝이 일렬로 설치되어 있을 경우는 단일말뚝의 경우와 달리 서로 영향을 미치게 되므로 말뚝간격의 영향을 반드시 고려하여야 한다.

이 말뚝간격의 영향을 고려하기 위해서는 측방토압 산정식을 유도할 때부터 말뚝 사이의 지반을 함께 고려함으로써 가능하게 된다. 홍원표 연구팀[1-8]은 이 점에 착안하여 말뚝간격의 영향을 고려한 억지말뚝작용 측방토압을 유도한 바 있다.

또한 말뚝에 부가되는 측방토압은 활동토괴가 이동하지 않는 경우의 0 상태에서부터 활동 토괴가 크게 이동하여 말뚝주변 지반에 수동파괴를 발생시킨 경우의 극한치까지 큰 폭으로 변화한다.[11,22] 산사태억지말뚝의 설계를 실시하기 위해서는 어떤 상태의 측방토압을 사용해 야 좋은가 결정해야만 한다.

말뚝주변지반의 소성상태의 설정에 대해서는 만약 말뚝주변지반에 수동파괴가 발생한다 고 하면 그때는 활동이 상당히 진행되어 사면파괴면의 전단저항력도 상당히 저하되므로 억 지말뚝에 작용하는 측방토압이 상당히 크게 되어 억지말뚝 자체의 안정이 확보되지 못할 염 려가 있는 등 불안한 요소가 많다.[21] 따라서 설계에 적용되어야 할 억지말뚝의 측방토압은 사면지반변형의 진행에 의한 지반파괴면상의 전단저항력의 저하가 거의 없는 상태까지의 값 을 적용하는 것이 가장 합리적이다.

일렬의 말뚝이 그림 10.2와 같이 H 두께의 소성변형지반 속에 설치되어 있을 경우, 측방 토압 산정 시 고려해야 할 지반은 그림 10.2 중에 빗금 친 말뚝 사이의 지반이다. 두 개의 말뚝 사이 지반의 소성영역은 모형실험[19] 결과에서 관찰한 바와 같이 지반아칭이론의 개념 을 도입하여 설정할 수 있다. 즉, 말뚝 주변에 전단응력의 발달여부에 따라 정상파괴와 측면 파괴의 두 가지로 크게 구분할 수 있다.

앞에서 설명한 바와 같이 Ito & Matsui(1975)는 사면지반 속 억지말뚝에 작용하는 측방토압 은 말뚝전변부에 생성된 지반아칭영역 중 말뚝쐐기부분에서 발생하는 캡파괴 혹은 측면파괴 시의 측방토압을 대상으로 연구하였으며,[13] Hong(1981)은 이 산정식을 모형실험과 비교하기 쉽게 수정한 바 있다.[12] 이 산정식을 유도하는 데는 한계평형이론을 적용하였다.

그러나 실질적으로 지반파괴는 지반아칭영역 중 외부아치의 천정부에서 발생하는 정상파 괴(crown failure)에서부터 시작되었다.[16] 홍원표·송영석(2004)[7]은 이때의 측방토압을 산정하 기 위해서는 원주공동확장이론(Timoshenko & Goodier, 1970)[20]을 적용하였다. 이하 이들 두 이 론을 적용한 경우의 측방토압 산정이론식의 유도과정을 설명한다.

10.2.1 정상파괴에 의한 측방토압 산정식 - 원주공동확장이론

사면지반 속 억지말뚝에 작용하는 측방토압에 대한 기존의 연구[14]에서는 말뚝주변부에 생성된 쐐기측면에서의 전단파괴에 의해 발생되는 측면파괴 개념의 측면파괴(side failure) 시의 측방토압을 대상으로 연구하였다. 그러나 모형실험[19] 결과에서 관찰된 억지말뚝주변지반 변형거동에서 파악된 바와 같이 실질적으로 지반파괴는 지반아칭 영역 중 외부아치의 정점 (crown)에서부터 시작됨을 알았다(정상파괴, crown failure). 이러한 정상파괴상태에서 말뚝에 작용하는 측방토압을 산정하기 위해서는 원주공동확장이론[20]을 적용한다.

10.2.2 측면파괴에 의한 측방토압 산정식 - 한계평형이론

Ito & Matsui(1975)는 측방유동지반 속에 원형말뚝이 일정한 간격으로 설치되어 있을 때 말뚝에 작용하는 측방토압을 한계평형원리를 적용하여 산정하였다.[14] 홍원표는 이 이론을 더욱 광범위하게 적용할 수 있도록 발전시켰다.[8,17,22]

10.3 점탄성 해석

그림 10.3은 진행성 산사태에 억지말뚝을 설치한 사례의 개략도이다.[11] 이 그림에 도시된 바와 같이 진행성 산사태에 억지말뚝을 설치한 경우 이 억지말뚝에는 파괴면 상부토사의 이

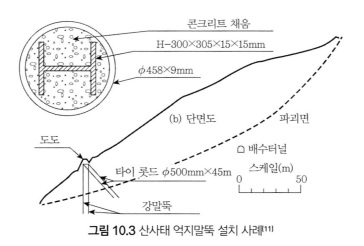

그림 10.3 산사태 억지말뚝 설치 사례[11]

동에 의해 억지말뚝에 측방토압이 작용하게 된다. 이 경우 억지말뚝에 작용하는 측방토압은 홍원표 연구팀에서 수년에 걸쳐 연구한 바 있다.[1-8] 억지말뚝은 산사태 상부토사의 측방이동에 의해 산사태 파괴면 상부지반에서는 억지말뚝이 측방토압을 받는 반면에 산사태 파괴면 하부 지반에서는 지반반력을 받아 이 억지말뚝의 측방토압에 저항하게 된다.

10.3.1 산사태지반의 점탄성 해석에 적용할 Voigt 모델

그림 10.4와 같이 억지말뚝이 산사태 활동면을 관통하여 설치되어 있는 경우, 산사태 활동면 하부 지반반력을 받는 부분이 점탄성지반으로 구성되어 있으면 억지말뚝은 시간의존성 변위거동을 보인다. 이러한 점탄성 지반의 거동을 표현하는 데는 Voigt 모델을 적용하는 것이 합리적이다. Voigt 모델은 그림 10.5에서 보는 바와 같이 대시포트와 스프링을 병렬로 연결시킨 모델로 지반의 시간의존성 점탄성 해석을 취급하는 데 편리하게 적용할 수 있는 레오로지 모델이다. 이 경우 Voigt 모델에 대한 레오로지 방정식에서 억지말뚝의 변위 y의 곡선은 식 (10.1)과 같은 미분방정식으로 표현된다.

$$q = \eta \frac{dy}{dt} + E_s y \tag{10.1}$$

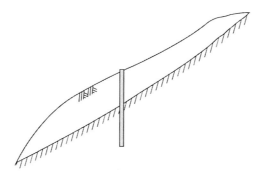

그림 10.4 산사태사면과 억지말뚝

여기서 η는 대시포트의 점성계수이고 E_s는 스프링의 탄성계수이다.

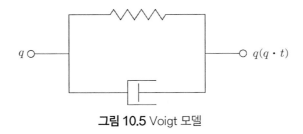

그림 10.5 Voigt 모델

한편 활동면 아래 억지말뚝의 변위곡선은 식 (10.2)와 같은 미분방정식으로 표현된다.

$$EI\frac{d^4y}{dz^4} = -q \tag{10.2}$$

점탄성지반 속에 설치된 말뚝의 변위 y는 시간의 함수이기도 하므로 억지말뚝의 변위 y는 $y(z, t)$로 말뚝의 위치와 시간의 함수를 고려하여 표현할 수 있다.

식 (10.2)에 (10.1)을 대입하면 점탄성지반 속에 설치된 억지말뚝의 미분방정식은 식 (10.3)과 같이 쓸 수 있다.

$$EI\frac{d^4y}{dz^4} + \eta\frac{dy}{dt} + E_s y = 0 \tag{10.3}$$

시간과 말뚝의 위치를 고려한 식 (10.3)의 미분방정식의 일반해는 식 (10.4)와 같이 정할 수 있다.

$$y = Z(z)\,T(t) \tag{10.4}$$

식 (10.3)에 포함된 z와 t에 대한 미계수 $\dfrac{\partial^4 y}{\partial z^4}$와 $\dfrac{\partial y}{\partial t}z$는 식 (10.4)의 일반해를 적용하면 식 (10.5)와 같이 구할 수 있다.

$$\frac{\partial^4 y}{\partial z^4} = T(t)\frac{d^4 Z}{dZ^4} = \frac{y}{Z}\frac{d^4 Z}{dz^4} \tag{10.5a}$$

$$\frac{\partial y}{\partial t} = Z(z)\frac{dT}{dt} = \frac{y}{T}\frac{dT}{dt} \tag{10.5b}$$

식 (10.5)의 미계수를 식 (10.3)에 대입하면 식 (10.3)의 미분방정식은 식 (10.6)과 같이 정리된다.

$$y\left(\frac{EI}{Z}\frac{d^4 Z}{dz^4} + \frac{\eta}{T}\frac{dT}{dt} + E_s\right) = 0 \tag{10.6}$$

이 식을 좀 더 정리하면 결국 미분방정식은 식 (10.7)과 같이 된다.

$$\frac{1}{Z}\frac{d^4 Z}{dz^4} + \frac{1}{T}\frac{\eta}{EI}\frac{dT}{dt} + \frac{E_s}{EI} = 0 \tag{10.7}$$

식 (10.7)을 시간함수 T에 관한 항에 대하여 식 (10.8)과 같이 놓으면 식 (10.11)이 구해진다.

$$\frac{1}{T}\frac{\eta}{EI}\frac{dT}{dt} + \frac{E_s}{EI} = 4\beta^4 \tag{10.8}$$

여기서, $\beta = \left(\dfrac{E_s}{4EI}\right)^{\frac{1}{4}}$ 이다. $t=0 : T=0$이고 $t\rightarrow\infty : T=1$이어야 하므로 $T=1-e^{-nt}$로 놓고 미분을 하면 식 (10.8)로부터 (10.9)를 구할 수 있다.

$$\frac{dT}{T} = -\frac{1}{\eta}(E_s - 4EI\beta^4)dt = -ndt \tag{10.9}$$

따라서 시간함수 T를 고찰해보면 $t\rightarrow\infty$일 때 $\dfrac{dT}{dt}\rightarrow 0$이 된다.

$$\ln T = -nt + \ln J'$$

$$T = e^{-nt} + J'$$

따라서 시간함수 $T(t)$는 식 (10.9)를 적분하여 식 (10.10)을 구할 수 있다.

$$\therefore\ T(t) = \frac{1}{\exp\{(E_s - 4EI\beta^4)t/\eta\}} \tag{10.10}$$

식 (10.8)을 (10.7)에 대입하면

$$\frac{1}{Z}\frac{d^4 Z}{dz^4} + 4\beta^4 = 0 \tag{10.11a}$$

식 (10.11a)를 좀 더 정리하면 식 (10.11b)가 구해진다.

$$\frac{d^4 Z}{dz^4} + 4\beta^4 Z = 0 \tag{10.11b}$$

식 (10.11b)의 일반해는 식 (10.12)와 같다.

$$Z = e^{-\beta z}(A\cos\beta z + B\sin\beta z) + e^{\beta z}(C\cos\beta z + D\sin\beta z) \tag{10.12}$$

식 (10.10)과 (10.12)를 식 (10.4)에 대입하면 식 (10.13)이 구해진다.

$$y = \{e^{-\beta z}(A\cos\beta z + B\sin\beta z) + e^{\beta z}(C\cos\beta z + D\sin\beta z)\} \times \frac{1}{\exp\{(E_s - 4EI\beta^4)t/\eta\}} \tag{10.13}$$

$t = 0$일 때 $y = 0$이 되어야 하므로

$$y = \left\{ e^{-\beta z} (A\cos\beta z + B\sin\beta z) + e^{\beta z} (C\cos\beta z + D\sin\beta z) \right\}$$
$$\times \left\{ 1 - \frac{1}{\exp\left\{ (E_s - 4EI\beta^4)t/\eta \right\}} \right\} \tag{10.14}$$

또한 $z \to \infty$일 때 $y \to 0$이므로 $C = D = 0$이다. 따라서 식 (10.14)는 (10.15)로 된다.

$$y = e^{-\beta \overline{z}} (A\cos\beta\overline{z} + B\sin\beta\overline{z}) \left\{ 1 - \frac{1}{\exp\left\{ (E_s - 4EI\beta^4)t/\eta \right\}} \right\} \tag{10.15}$$

식 (10.15)에는 점탄성지반이 시간의존성을 나타내는 함수 $T_1(t)$와 깊이에 의존하는 함수 $Z_1(z)$가 포함되어 있다. 즉, $Z_1(z)$과 $T_1(t)$은 각각 식 (10.16)과 (10.17)과 같이 된다.

$$Z_1(z) = e^{-\beta \overline{z}} (A\cos\beta\overline{z} + B\sin\beta\overline{z}) \tag{10.16}$$
$$T_1(t) = 1 - \frac{1}{\exp\left\{ (E_s - 4EI\beta^4)t/\eta \right\}} \tag{10.17}$$

여기서 식 (10.17)로 표현되는 시간함수는 그림 10.6과 같이 거동한다.

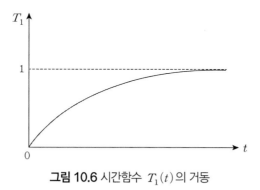

그림 10.6 시간함수 $T_1(t)$의 거동

$t = t_1$ 시각에서의 말뚝변위를 구하려면 식 (10.17)로부터 $T_1(t)$을 구하고 식 (10.18)로 활동면 아래 억지말뚝의 변위 y_2를 구한다.

$$y_2 = e^{-\beta\overline{z}}(A\cos\beta\overline{z} + B\sin\beta\overline{z})\,T_1(t_1) \tag{10.18}$$

10.3.2 억지말뚝의 안정해석

다음과 같은 가정하에 점탄성지반 속에 설치된 억지말뚝의 시간의존성 변위거동을 해석한다.

① 산사태 활동면 상부의 억지말뚝은 산사태 활동면 상부의 토사층으로부터 산사태 방향으로 토압을 받고 활동면 하부의 억지말뚝은 점탄성 지반의 시간의존성 지반반력을 받는 것으로 단순화한다.

② 산사태 활동면 상부의 억지말뚝에 작용하는 토압은 활동 토사의 이동에 의해 산사태 토사층 내에서 깊이방향으로 증대하는 선형토압으로 작용한다.

③ 산사태 활동면 하부지반의 점탄성은 Voigt 레오로지 모델로 나타낸다.

산사태 활동면을 기준으로 활동면을 관통하여 설치된 억지말뚝의 변위 산정식은 식 (10.18)과 같다. 이때 활동면에서의 억지말뚝 좌표를 기준점으로 하면 해석하기가 편리하다.

산사태 활동면 상부의 억지말뚝(그림 10.7의 I-I 단면)의 거동을 표현하는 미분방정식은 식 (10.19a)와 같다. 식 (10.19a)가 적용되는 구간은 억지말뚝이 설치된 위치에서의 억지말뚝 두부 ($z=0$)에서부터 억지말뚝이 산사태 활동면과 교차하는 위치즉 활동면의 위치($z=H$)까지로 한다. 토압은 식 (10.19a)에서 보는 바와 같이 억지말뚝에 깊이 방향으로 선형분포하는 것으로 취급한다.

$$E_p I_p \frac{\partial^4 y_1}{\partial z^4} = q(z) = f_1 + f_2 z \qquad (0 \leq z \leq H) \tag{10.19a}$$

한편 활동면 하부 말뚝이 점탄성지반의 지반반력을 받는 구간에서의 억지말뚝(그림 10.7의 II-II단면)의 거동을 표현하는 미분방정식은 식 (10.19b)와 같다.

$$E_p I_p \frac{\partial^4 y_2}{\partial z^4} = - E_s - \eta \frac{\partial y_2}{\partial t} \qquad\qquad (H < z \leq L_p) \qquad\qquad (10.19\text{b})$$

여기서 z는 지표면에서부터의 깊이, H는 산사태활동면에서 억지말뚝머리까지의 거리, L_p는 억지말뚝길이, y_1 및 y_2는 각각 산사태활동면 상하부 말뚝(I-I 단면부와 I-II 단면부)의 변위, $E_p I_p$는 억지말뚝의 휨강성, E_s는 각각 사면활동면 하부 지반의 지반계수이다.

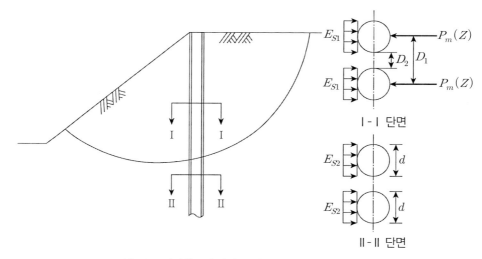

그림 10.7 사면활동면 상하부 억지말뚝에 작용하는 하중도

활동면 상부지층의 측방토압 $q(z)$는 억지말뚝 1개당의 측방토압으로 말뚝 두부에서 깊이 z에 대하여 $f_1 + f_2 z$의 직선분포로 작용한다고 가정한다.

식 (10.19)의 미분방정식을 풀면 활동면 상하부 말뚝의 변위에 대한 일반해는 식 (10.20)과 같이 얻어진다.

$$(- H' \leq \overline{z} \leq 0) \qquad\qquad y_1 = a_0 + a_1 \overline{z} + a \overline{z}^2 + a_3 \overline{z}^3 + f(\overline{z}) \qquad\qquad (10.20\text{a})$$

$$\overline{(\overline{z} > 0)} \qquad\qquad y_2 = T_1(t) e^{- \beta \overline{z}} (A \cos\beta\overline{z} + B \sin\beta\overline{z}) \qquad\qquad (10.20\text{b})$$

여기서 a_0, a_1, a_2, a_3, A, B는 적분상수로, 말뚝의 두부와 선단에서의 구속조건 및 활동면

면에서의 말뚝의 연속조건에 의하여 결정된다. 또한 β는 $\sqrt[4]{E_s/4E_pI_p}$으로 정한다. 말뚝두부의 구속조건으로는 자유, 회전구속, 힌지 및 고정의 네 종류를 생각할 수 있다.

억지말뚝의 거동해석은 다음 순서로 진행한다.

① 우선 활동면을 관통하여 설치된 억지말뚝의 탄성해석($t \to \infty$에 대한 계산)으로 말뚝머리에서의 구속조건과 활동면에서의 연속조건으로 식 (10.20c) 및 (10.20d)의 적분상수 $a_0 \sim a_3$, A, B를 구한다.

$$(- H' \leq \overline{z} \leq 0) \qquad y_1^e = a_0 + a_1\overline{z} + a\overline{z}^2 + a_3\overline{z}^3 + f(\overline{z}) \qquad (10.20c)$$

$$(\overline{z} > 0) \qquad y_2^e = T_1(t)e^{-\beta\overline{z}}(A\cos\beta\overline{z} + B\sin\beta\overline{z}) \qquad (10.20d)$$

② 임의의 시간 $t = t_1$에서의 y_2를 식 (10.21)을 사용하여 산정한다.

$$y_{2_{t=t_1}} = y_2^e\, T_1(t_1) \qquad (10.21)$$

③ $\overline{z} = 0$에서의 y_2를 구하여 y_1과 등치시킨다.

$$y_{2_{\substack{t=t_1\\z=0}}} = y_{1_{\substack{t=t_1\\z=0}}} \qquad (10.22)$$

$$A\,T_1(t_1) = a_0^{t_1} = T_1(t_1)a_0 \qquad (10.23)$$

변위각, 모멘트 및 전단에 대해서도 동일하게 해석하면 다음과 같은 식이 얻어진다.

$$a_1^{t_1} = T_1(t_1)a_1,\ a_2^{t_2} = T_1(t_1)a_2,\ a_3^{t_2} = T_1(t_1)a_3 \qquad (10.24)$$

$$y_{1_{t=t_1}} = T_1(t_1)(y_1^e - f(\overline{z})) + f(\overline{z}) = T_1(t_1)y_1^e + T(t_1)f(\overline{z}) \qquad (10.25)$$

식 (10.25)로부터 활동면상부 말뚝의 변위를 계산할 수 있다.

④ $t = t_2$ 시각에 대해서도 동일하게 실시한다.

| 참고문헌 |

1) 홍원표(1982), '점토지반 속의 말뚝에 작용하는 측방토압', 대한토목학회논문집, 제2권, 제1호, pp.45-52.

2) 홍원표(1983), '수평력을 받는 말뚝', 대한토목학회지, 제31권, 제5호, pp.32~36.

3) 홍원표(1983), '모래지반 속의 말뚝에 작용하는 측방토압', 대한토목학회논문집, 제3권, 제3호, pp.63-69.

4) 홍원표(1984), '측방변형지반 속의 말뚝에 작용하는 토압', 1984년도 제9차 국내외 한국과학기술자 종합학술대회 논문집(II), 한국과학기술단체총연합회, pp.919-924.

5) 홍원표(1984), '측방변형지반 속의 줄말뚝에 작용하는 토압', 대한토목학회 논문집, 제4권, 제1호, pp.59-68.

6) 홍원표(1991), '말뚝을 사용한 산사태 억지공법', 한국지반공학회지, 제7권, 제4호, pp.75-87.

7) 홍원표·송영석(2004), '측방변형지반 속 줄말뚝에 작용하는 토압의 산정법', 한국지반공학회논문집, 제20권, 제3호, pp.13-22.

8) 홍원표(2017), 수평하중말뚝 – 수동말뚝과 주동말뚝 –, 도서출판 씨아이알.

9) De Beer, E.E.(1977), "Piles subjected to static lateral loads", State-of- the-Art Report, Proc., *9th ICSMFE, Specialty Session 10, Tokyo*, pp.1~14.

10) De Beer, E.E. and Wallays, M.(1972), "Forces induced in piles by un -symmetrical surcharges on the soil around the pile", *Proc., 5th ICSMFE, Moscow*, Vol.4.3, pp.325-332.

11) Fukuoka, M.(1977), "The effects of horizontal loads on piles due to landslides", *Proc., 14th ICSMFE, Specialty Session 10, Tokyo*, pp.27-42.

12) Hong, W .P.(1980), "Stability Analysis of Slope Containing Piles in a Row and Its Design Method", Thesis, Eng. Dr., Osaka University Division for Research of Engineering Graduate School. pp.30-89.

13) Hong, W.P.(1986), "Design method of piles to stabilize landslides", *Proc., Int. Symp. on Environmental Geotechnology, Allentown, PA*, pp.441-453.

14) Ito, T. and Matsui, T.(1975), "Methods to estimate lateral force acting on stabilizing piles", *Soils and Foundations*, Vol.15, No.4, pp.43-59.

15) Ito, T., Matsui, T. and Hong, W.P.(1979), "Design method for the stability analysis of the slope with landing pier", *Soils and Foundations*, Vol.19, No.4, pp.43-57.

16) Ito, T., Matsui, T. and Hong, W.P.(1981), "Design method for stabilizing piles against landslides-One row of piles", *Soils and Foundations*, Vol.21, No.1, pp.21-37.

17) Ito, T., Matsui, T. and Hong, W.P.(1982), "Extended design method for multi-rows stabilizing piles against landslides", *Soils and Foundations*, Vol.22, No.1, pp.1-13.

18) Marche, R. and Lacroix, Y.(1972), "Stabilite des culees de ponts etablies sur des pieux traversant une couche molle", *Canadian Geotechnical Journal*, Vol.9, No.1, pp.1-24.

19) Matsui, T., Hong, W.P. and Ito, T.(1982), "Earth pressure on piles in a row due to lateral soil movements", *Soils and Foundations*, Vol.22, No.2, pp.71-81.

20) Timoshenko, S.P. and Goodier, J.N.(1970), *Theory of Elasticity*, McGraw-Hill Book Comany, pp.65-68.

21) Tschebotarioff, G.P.(1971), Discussion, *Highway Research Record*, No.354, pp.99-101.

22) 新潟縣農林部治山課(1977), 地すべり調査報告書 － 地すべり工法(抗打)調査 － .

연암의 레오로지

Chapter 11 연암의 레오로지

櫻井·足立(1981)는 지금까지 연암의 역학적 거동을 해석하는 데 레오로지 이론을 적용한 연구를 정리한 적이 있다.[17] 연암을 대상으로 토목구조물을 건설하는 경우에는 그 시간의존성의 역학적 성질을 어떻게 고려할 것인가가 중요한 요소이다. 특히 중요구조물의 기초, 토피가 큰 터널, 장대사면의 굴착 등에서 시간과 함께 변위가 증대하여 파괴에 도달할 염려가 있기 때문에 그 설계시공에서 충분히 주의하지 않으면 안 된다.

제11장에서는 연암의 역학적 성질 중 특히 시간의존성 역학적 특성에 집중한다.[14] 우선 실험 결과를 고려한 레오로지 모델에 관하여 설명한다. 더욱이 이 모델에 기초한 해석 사례, 특히 터널을 대상으로 설명하며 최후에 해석 결과와 실제 구조물의 거동을 비교하고 현장계측 결과를 설계 시공에 피드백한 두세 가지 사례를 열거·설명한다.

11.1 연암의 시간의존성 거동

연암의 역학특성에 관한 연구 결과, 연암도 타 지반재료와 같이 다이러턴시 특성과 시간의존성을 나타내는 탄소성재료임을 명확히 하였다.[1-4]

연암의 시간의존성 거동은 다른 재료와 동일하게 다음과 같이 정리할 수 있다.

(1) 전단시험에 적용하는 변형속도가 높을수록 전단강도(내지 항복응력)가 크다.
(2) 일정한 응력상태를 유지하는 크리프 변형은 일정 변형률 상태에서는 응력완화를 나타

낸다.

(3) 표준속도의 전단시험(일축압축시험에서는 1%/분)에서 구한 강도보다 낮은 응력상태에서 파괴가 발생할 수 있다. 이는 크리프 파괴라 부르나 공학적으로는 크리프 파괴를 발생시키는 응력의 한계를 추정하여 장기강도로 이용하는 경우가 많다.

일반적으로 변형속도효과에 의한 크리프, 응력완화 등의 거동 차이는 어디까지나 외력의 작용형태 차이에 근거하기 때문이지만 시간의존성 거동은 동일한 요인, 즉 내부 구조의 국소적 파괴를 포함한 거시적 점성저항에 의한 것이다.

삼축시험으로 구한 응력－변형률 관계를 이용하여 시간의존성 거동을 정성적으로 생각해 본다. 그림 11.1은 연암고유의 변이구속압 σ'^{T}_{3}(구속압은 변이구속압 이상이 되는 응력－변형률관계는 변형률연화를 나타내지 않는 단조증가형이 된다) 이하의 구속압 σ'_{3}하에서 실시한 시험 결과를 나타내고 있다. 응력－변형률곡선 OP_1R은 변형속도 '$\dot{e}_1(大)$'를 OP_2R은 변형속도'$\dot{e}_1(小)$'에 대응하여 다른 첨두강도 P_1, P_2를 나타낸다. 다음으로 A점까지 변형속도 '$\dot{e}_1(大)$'에서 전단하여 응력($\sigma_1 - \sigma_3$)를 일정하게 유지한 크리프 과정에서는 수평화살표 방향으로 변형률이 시간과 함께 증대하여 최종적으로 크리프 파괴에 이른다. 한편 A점에서의 변형률 e_1을 일정하게 유지하는 응력완화과정에서는 연직화살표 방향으로 응력이 시간과 함께 감소하여 임의의 응력상태에 근접하게 된다.

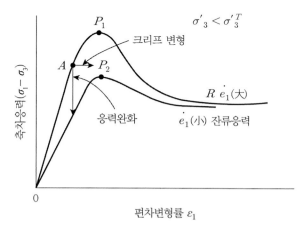

그림 11.1 응력 - 변형률 관계에서의 시간의존성($\sigma'_{3} < \sigma'^{T}_{3}$ 구속압에서)

그림 11.2는 응회암(大谷石)의 항복응력에 미치는 전단속도의 영향을 도시한 그림이다. 이 그림으로부터 항복응력값은 변형속도의 영향을 받고 있음이 명확하다. 그림에 표시되지는 않았으나 최대강도점에 대한 파괴포락선도 항복곡선과 동일하게 변형속도에 의존한다.

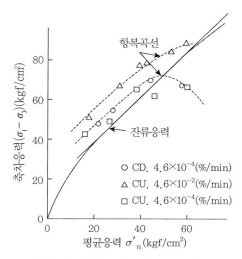

그림 11.2 항복응력의 변형속도의존성(大谷石)

그림 11.3은 측압 $5kgf/cm^2$의 배수 크리프시험 결과이며 크리프 응력($\sigma_1 - \sigma_3$)을 변수로 하여 (a) 그림에 편차변형률－시간관계, (b) 그림에 체적변형률－시간관계를 도시하였다.[1,5] 그

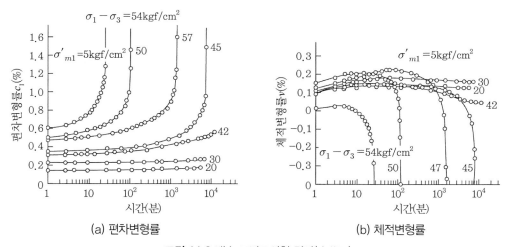

(a) 편차변형률   (b) 체적변형률

그림 11.3 배수 크리프시험 결과(大谷石)

림 11.3(a)로부터 크리프 응력 레벨이 크리프 변형거동에 영향을 끼쳐 10^4분의 크리프 시간 내에 한하면, 45kgf/cm² 이상의 크리프 응력하에서 최종적으로 크리프 파괴가 발생되며 크리프 파괴에 달하는 시간은 크리프 응력이 클수록 작아짐을 알 수 있다.

한편 그림 11.3(b)로부터 체적변화는 크리프 초기에 압축경향을 나타내나 점차 팽창으로 바뀌어 파괴에 도달할 경우는 파괴직전에 급속한 체적팽창을 나타낸다.

그림 11.4는 그림 11.3의 변형률-시간관계에서 구한 등시곡선으로의 응력-변형률관계다. 임의의 응력 레벨(응력-변형률 관계의 급격한 변곡점) 이상이 되는 소성유동이 탁월하여 체적변화는 압축에서 팽창으로 바뀐다.

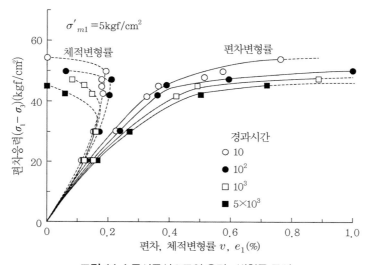

그림 11.4 등시곡선으로의 응력 - 변형률 곡선

이 응력은 측압 5kgf/cm²의 경우 40kgf/cm²으로 그림 11.2에 주어진 잔류강도치 38kgf/cm²에 거의 일치한다. 더욱이 잔류강도상태에서는 유효응력도 체적도 그 이상 변화하지 않으며, 단지 전단변형만이 계속되는 상태로 정의하여 이 경우 변형률제어로 배수전단시험으로 구한다. 이상과 같이 잔류응력 이상의 크리프 응력하에 최종적인 크리프 파괴에 달한다고 생각하여 연암의 레오로지를 구해본다.

11.2 레오로지 모델

연암질 재료의 응력－변형률－시간 관계의 레오로지 모델화는 지금까지 실시되고 있다.[6,7] 이 흐름에 따라 연암이 비교적 낮은 구속압하에 취성에서 연성까지의 거동을 나타냄에 착안하여 실험 결과에서 점탄성체로서의 연암의 구성식도 유도되었다.[8]

여기서는 대곡석(大谷石)의 크리프시험 결과에 근거하여 레오로지 모델을 구해본다.[1,5]

크리프시험 결과를 이용하여 응력－변형률 관계를 구할 때 응력－변형률－시간 관계는 크리프시험에 의해 구한 크리프 변형속도의 시간변화에 근거하여 논하는 경우가 많다. 구성식 유도 준비와 함께 변형속도가 어느 정도 변화하는가를 조사해본다.

그림 11.5는 크리프 파괴에 도달하지 않은 경우의 크리프 변형속도를 축차응력으로 정규화시켜 종축에 대수눈금을 횡축에 보통눈금으로 도면을 작성하였다.

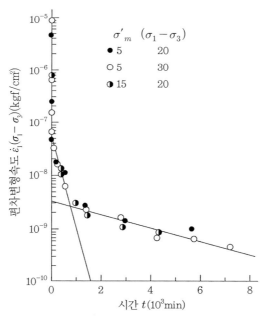

그림 11.5 크리프 변형속도의 시간변화(점탄성영역)와 근사방법

이 거동은 그림 중 두 직선의 합으로 근사적으로 나타냈다.[8] 한편 크리프 파괴에 달하는 경우는 그림 11.6에 나타낸 바와 같이 크리프 변형속도의 시간변화를 나타내고 있다. 즉, 하중재하 후 변형속도는 급속하게 감소하지만 정상상태에 이르며 최종적으로 변형속도가 감소하

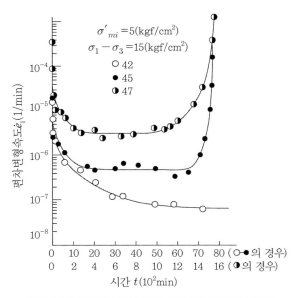

그림 11.6 크리프 변형속도의 시간의존성(점탄성영역)

여 파괴한다.

이상과 같이 파괴에 이르지 못한 경우는 점탄성 거동을 체적변화시간의존성거동을 나타내지 않는다고 가정할 수 있다. 이와 같은 거동을 기술할 수 있는 구성식으로 그림 11.7의 모델이 있다. 이 경우 문제는 재료정수를 어떻게 결정하는가이다. 여기서 축대칭 삼축시험 조건하에서는 다음의 관계가 있다.

$$e_1{}'/(\sigma_1 - \sigma_3) = \frac{1}{3}[\exp - (G_2/\eta_2)/\eta_2 + \exp - (G_3/\eta_2)t/\eta_2] \tag{11.1}$$

여기서, $\dot{e}_1(\epsilon_1 - v/3,\ \epsilon_1$: 축변형률, v: 체적변형률)은 편차변형률속도이다.

따라서 종축에 $\dot{e}_1/(\sigma_1 - \sigma_3)$을 대수눈금으로, 횡축에 시간 t를 취한 그림 11.5로 시간 t가 작은 크리프 초기에는 식 (11.1)의 우변 제1항(그림 11.7의 제2변형요소)이 시간이 커질수록 우변 제2항(제3변형요소)이 그림 중에 두 개의 직선에 각각 대응하는 것으로 생각하면 재료정수 G_2, G_3, η_2, η_3는 다음과 같이 구한다. 우선 η_2, η_3는 두 직선의 종축 절편으로부터 G_2, G_3는 직선의 구배로 부타 각각 결정한다. 또한 G_1은 순간탄성계수이므로 재하 직후의 변형

량으로부터 결정한다. 그리고 크리프 파괴가 발생하는 경우에는 그림 11.6과 같이 변형률속
도는 정상상태부터 가속되어 파괴에 도달한다. 이 과정에서는 체적팽창이 발생하며 체적변형
속도도 정상상태에서는 일정하게 유지된다. 이와 같은 거동을 기술할 수 있는 데는 Perzyna에
의한 구성식이 있다.[9] 여기서는 대곡석의 점탄성 유동의 사례로 취급하여 요점만 수록한다.

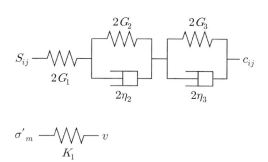

그림 11.7 점탄성거동에 대한 레오로지 모델

그림 11.6은 점탄성 유동과정의 편차변형률속도를 나타내고 있다. 이 그림으로부터 변형
률속도의 가속도부분을 제외하면 점탄성거동과 같이 모식도 그림 11.8(a)와 같이 점소성 거동
을 두 개의 직선의 합으로 근사적으로 나타낼 수 있다. 체적변화는 그림 11.8(b)와 같이 하나
의 직선으로 근사한다. 즉, 점소성은 크리프 속도 $\dot{e}_1$, $\dot{v}$가 일정하다. 소위 정상 크리프 상태의
거동을 나타내는 것이라 가정하고 있다. 이 거동을 나타내는 레오로지 모델은 그림 11.9와
같다. 여기서는 체적팽창이 발생하는 경우만을 고려하므로 그림에 도시한 바와 같이 누르면
늘어나는 모델로 포현될 수 있다. 이 모델을 완성하기 위해서는 동적 항복함수 f_d와 평형 시
정적 함복함수 f_s를 가하여 f_d와 f_s와의 차를 나타내는 초과응력함수 F를 다음 식과 같이
정할 필요가 있다.

$$F = f_d/f_s - 1 \tag{11.2}$$

실험 결과에 의거하여 동적 항복함수 f_d와 정적 항복함수 f_s와 동일한 함수이라 가정하여
다음 식으로 주어진다.

$$f_d = c^* \sigma_{m'} \left[\frac{1 + \dfrac{\alpha^* - 1}{c^*} \left(\dfrac{\sqrt{2J_2}}{\sigma_{m'}} \right)}{\alpha^*} \right]^{\alpha^*/(\alpha^* - 1)} = k_d \tag{11.3}$$

여기서 σ'_m은 평균응력 p, $2J_2 = S_{ij}$, S_{ij}는 편차응력 $S_{ij}(S_{ij} = \sigma_{ij} - \dfrac{1}{3}\sigma_{kk}\delta_{ij}$, σ_{ij}, 응력텐솔, δ_{ij}=크로넥가 델타)의 제3불변량, c^*, α^*는 재료정수, k_d는 변형률속도효과를 주는 변수를 이용하면, 점소성거동에 대한 구성식은 다음과 같이 주어진다.

$$\delta_{ij} = \epsilon_{ij}^{FE} + \epsilon_{ij}^{VP}$$

$$\epsilon_{ij}^{FE} = S_{ij}/2\,G + \sigma_{m'}/3K_1 + (1/2\eta_2) \int_0^t e^{-(G_2 - \eta_2)(t - \tau)} S_{ij} d\tau$$

$$\epsilon_{ij}^{VP} = \frac{1}{\eta} \exp\left[aF\right] \left[\frac{1 + \dfrac{\alpha^* - 1}{c^*} \left(\dfrac{\sqrt{2J_2}}{\sigma_{m'}} \right)}{\alpha^*} \right]^{1/(\alpha^* - 1)} \times \left[\left(\frac{c^* - \sqrt{2J_2}/\sigma_{m'}}{\alpha^*} \right) \frac{\delta_{ij}}{3} + \frac{S_{ij}}{\sqrt{2J_2}} \right]$$

$$\tag{11.4}$$

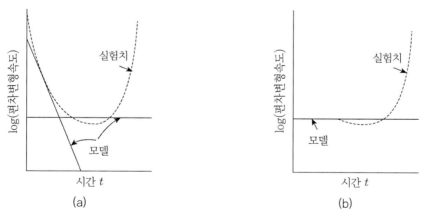

그림 11.8 점탄성 거동의 근사방법

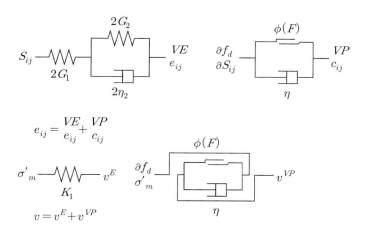

$$e_{ij} = \overset{VE}{e_{ij}} + \overset{VP}{c_{ij}}$$

$$v = v^E + v^{VP}$$

그림 11.9 점탄성 거동에 대한 레오로지 모델

여기서는 δ_{ij}는 크로넥가 델타($\delta_{ij} = 0 (0\ i \neq j)$, $1\ i = j$)이며 식 중의 재료정수 α^*, c^*는 그림 11.10
에 표시한 다이러턴시비 dv^p/de_1^p와 응력비 $(\sigma_1 - \sigma_3)/\sigma'_m$의 직선관계의 구배와 절편이다. 한
편 η와 a는 그림 11.11에 주어진 표준화된 크리프 변형속도와 초과응력함수 F와의 관계의
절편의 역수와 구배로부터 각각 결정된다. 대곡석의 경우 $\alpha^* = 0.75$. $c^* = 0.56$, $\eta - 1.01 \times 10^8 (\mathrm{kgf/cm^2 \cdot min})$, $\alpha = 12.8$이었다.

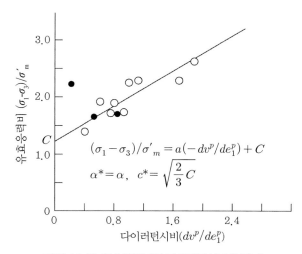

$$(\sigma_1 - \sigma_3)/\sigma'_m = a(-dv^p/de_1^p) + C$$

$$\alpha^* = \alpha, \quad c^* = \sqrt{\frac{2}{3}}C$$

그림 11.10 유효응력비와 다이러턴시비의 관계

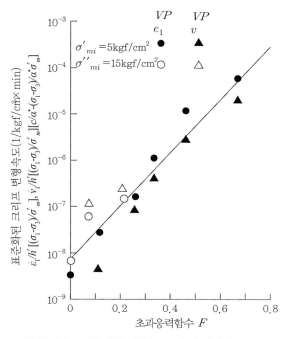

그림 11.11 초과응력의 범함수 $\phi(F)$와 점성계수의 결정

11.3 현장 계측과 설계 및 시공

앞에서 연암의 역학적 성질을 단순화한 레오로지 모델로 표현하고 그에 기초한 해석 방법을 제시하였다. 그러나 지반재료를 단순한 모델로 표현하는 것에는 당연히 한계가 있다. 보다 현실에 가까운 정밀도 좋은 해석을 하기 위해서는 더욱 복잡한 모델을 사용해야 한다. 世良田[13]은 암염에 대해 보다 정밀도가 좋은 레오로지 모델을 제안하고(그림 11.12 참조) 그것을 이용해 암염층 내 공동 주변의 응력 및 변형률을 해석하고 현장계측 결과와 비교해서 좋은 결과를 얻고 있다. 이 결과의 일부를 그림 11.13에 나타냈다. 이 모델은 수많은 실내시험 결과에 근거한 것이지만 암염과 같이 등질 등방성으로, 균열이 적은 경우에 실내시험에 의해 원위치의 거동을 상당한 정밀도로 추정할 수 있음을 보여준다.

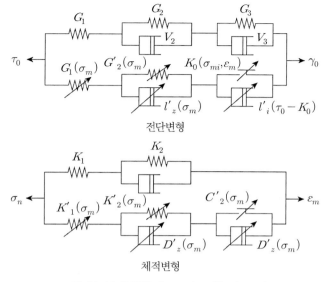

전단변형

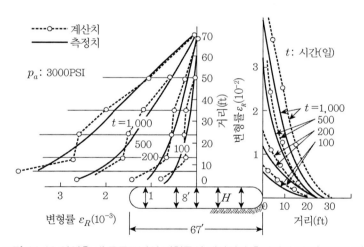

체적변형

그림 11.12 암염의 레오로지 모델(世良田[13])

그림 11.13 암염층 내 공동주변의 변형률의 계산치와 측정치의 비교(世良田[13])

그러나 일반 지반재료는 균열 등에 의한 비균질성 비등방성 때문에 더욱 복잡한 모델이 필요할 것이다. 모델이 복잡해지면 그만큼 재료정수의 수는 증가하지만 그들을 모두 원위치에서 평가하는 것은 거의 불가능에 가깝다. 따라서 모델을 필요 이상으로 복잡하게 해도 해석의 정밀도 향상에 연결되지 않을 뿐만 아니라 입력 데이터의 평가에 따라서는 오히려 정밀도를 저하시키기도 한다. 이런 경우에는 해석 모델은 단순한 것으로 하고 시공 중에 현장계측 결과를 설계·시공에 피드백하는 것이 바람직하다.

Carvalho et al.[11]은 사면 직하의 터널 공사에서 내공변위를 측정하여 안전하고 경제적인 시공이 가능했다고 보고하였다(그림 11.14 참조).

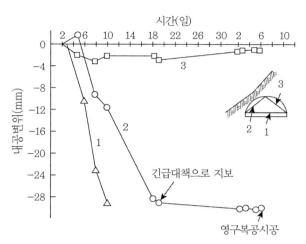

그림 11.14 내공변위와 시공과의 관계(Carvalho et al.[11])

또한 Kovari et al.[15]은 팽창성 지반의 터널 저부의 융기 대책으로 크리프 변형 측정 결과(그림 11.15)에서 100년 후의 변위량을 20cm로 추정하고 그 변위를 지반과 복공 사이에서 흡수할 수 있는 구조(그림 11.16)를 채택하였다.

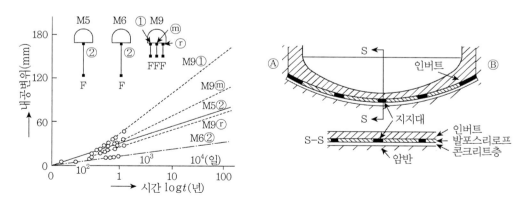

그림 11.15 각종 측정단면에서의 쩌면 융기 측정 결과와
100년 후의 변위측정(Kovari et al.[15]) **그림 11.16** 저면융기량의 허용 인버트시공(Kovari et al.[15])

현장계측에서는 그 측정 결과의 평가 및 설계·시공에 대한 피드백 방법이 문제가 된다. 이 문제에 대하여 최근 여러 가지 방법이 제안되었다.[13]

|참고문헌|

1) 赤井浩一・足立紀尚・西好(1977), "Mechanical properties of soft rock", *Proc, 9th ICSMFE*, Vol. 1, pp.7-10.

2) 赤井浩一・足立紀尚 藤本和義(1977), "Constitutive equations for geomechanical materials based on elasto-viscoplasticity", *Proc. Speciality Session 9, 9th ICSMFE*, pp.1-100

3) 吉中龍之進・山辺正(1979), "岩の強度条件式と応力-ひずみ関係に与える供試体の寸法効果", 第12回 岩盤力学に関するシン ポジウム講演概要, pp.31-35.

4) 仲野良紀(1980), "軟岩をめぐる諸問題—泥岩の力学特性—", 土と基礎, Vol.28, No.7, pp.1-10.

5) 赤井浩一・足立紀尚・西 好一(1979), "堆積軟岩(多孔質凝灰岩)の時間依存特性と構成式", 土木学会論文報告集, No.282, pp.75-87.

6) Nishihara, M.(1961), "Rheology of rocks", *Prof. J. Makiyama's. Memorial Volume*, Kyoto, Japan, pp.325-332.

7) Price, N.J. A.(1964), "Study of the time-strain behavior of coal measure rocks", *Int. J. Rock Mech*. Min. Sci., Vol.1, pp.277-303.

8) Sakurai, S.(1966), "Time dependent of behavior circular cylindrical cavity in continuous medium of brittle aggregate", *Ph. D. Thesis, Michigan State Univ.*.

9) Perzyna, P.(1963), "The constitutive equations for workhardening and rate sensitive plastic materials", *Proc. of Vibration Problems, Warsaw*, pp.281-289.

10) Serata, S.(1976), "Stress control technique an alternative to roof bolting", *Mining Engineering*, pp.51-56.

11) Carvalho, O.S. and K. Kovar(1977), "Displacement measuremets as a mean for safe and economical tunnel design", *Int. Sympo. Field Measurements in Pock Mechanics, Zürich*, pp.709-721.

12) Kovari, K. and Ch. Amstad(1979), "Field instrumentation in tunnelling as a practical design Aad", *Proc. 4th Int. Cong. on Rock Mechanics. Montreux*, Vol.2, pp.311-318.

13) 桜井春輔(1981), "トンネル工事における変位計測結果の評価法", 土木学会論文報告集投稿中.

14) 櫻井春輔・足立紀商(1981), "軟岩のレオロジ-", 土と基礎, Vol.29, No.3, pp.73-81.

찾아보기

저자 소개

홍 원 표

- (현)중앙대학교 공과대학 명예교수
- 대한토목학회 저술상
- 중앙대학교 학생처장, 건설대학원장, 대외협력본부장(부총장)
- 서울시 토목상 대상
- 과학기술 우수 논문상(한국과학기술단체 총연합회)
- 대한토목학회 논문상
- 한국지반공학회 논문상·공로상
- UCLA, 존스홉킨스 대학, 오사카 대학 객원연구원
- KAIST 토목공학과 교수
- 국립건설시험소 토질과 전문교수
- 중앙대학교 공과대학 교수
- 오사카 대학 대학원 공학석·박사
- 한양대학교 공과대학 토목공학과 졸업

흙의 레오로지

초판인쇄 2022년 12월 12일
초판발행 2022년 12월 19일

저   자 홍원표
펴 낸 이 김성배
펴 낸 곳 도서출판 씨아이알

책임편집 박영지
디 자 인 윤지환, 박진아
제작책임 김문갑

등록번호 제2-3285호
등 록 일 2001년 3월 19일
주   소 (04626) 서울특별시 중구 필동로8길 43(예장동 1-151)
전화번호 02-2275-8603(대표)
팩스번호 02-2265-9394
홈페이지 www.circom.co.kr

ISBN 979-11-6856-043-7 (세트)
       979-11-6856-094-9 (94530)
정   가 20,000원